身體慢學

連結情緒、關係與生活的8堂課，找回動靜皆宜的自由

林懷民、蔣勳、楊照——感性導言

雲門舞集舞蹈教室——企劃

楊孟瑜——採訪撰稿

【初版序】

認識身體，擁抱自在

林懷民／雲門舞集創團藝術總監、雲門舞集舞蹈教室創辦人

演講時，我有時會挑戰一下聽眾：「洗完澡，會在鏡子前面看自己裸體的朋友，請舉手。」台下總是凝著緊張的靜默。偶爾有一兩個人舉手，也是遲疑的。談身體，大多數的人總覺得尷尬。

「非禮勿言，非禮勿聽，非禮勿視，非禮勿動。」這是我們的文化。不看身體，不談身體，也不跟自己的身體說話。

我的童年，身體是不自由也不自在的。跪坐在榻榻米上，雙手放在膝蓋，挺背不動。站好，坐好，跪好，拿好筷子，端正飯碗。在家如此，出外作客更要如此。

傳統的文化，讓我們迴避身體，忘了身體是我們畢生的朋友，是生命的起始也是終結。我們沒有傾聽身體的習慣，只把它當成機器，用它，操作它，直到它尖叫、罷工、

生病。

一九九八年，雲門舞集舞蹈教室的成立，就是希望透過動身體，來認識身體，做一個自在的人。

每一堂「生活律動」的開始，我們讓學員靜坐一兩分鐘，即使四歲的孩子。透過深呼吸來洗去奔往教室的焦躁，打開眼睛時便能專注上課。

「生活律動」不教學員拿頂，拉筋，下腰。老師不教「舞蹈」，不示範，只是引導孩子發揮想像力，讓身體去到它可以去到的地方。

下課時，老師擁抱每個學員，跟他們說再見，拂去課堂活動的興奮，讓孩子可以比較平靜地走出教室。

身體是個記憶體，蘊藏先人的經驗與智慧，那些無法言說的本能。雲門希望孩子在被社會制約化之前，在盡情的舞動中，喚起這些本能。長大後，即使受到壓制，在苦惱中，仍記得用深呼吸來調整心裡的景觀，仍可以大方地抱人，也自在地接受擁抱。

舞蹈教室創辦後，我的人緣指數大大上升。時不時，在街角，在書店，幾乎在任何地方，總會遇到年輕夫婦向我致謝，告訴我他們的孩子如何喜歡到雲門的教室上課，如何變得合群、快樂。

在捷運站，一位中年男士向我表示謝意，同時伸手指著他七歲的孩子。只見他自得其樂地小跳、跑圈圈，忽而蹲下、起立、揚手，又蹦了一下，在那人來人往的月台上。我們不知道他腦子裡想些什麼，只明白地知曉，在那一剎那，孩子擁有了整個世界，在那人來人往的月台上。

疲累時，我喜歡到教室，從小窗口看孩子及熟齡的大哥大姐們自然地舞動，看那柔軟的身體變化出編舞家無從臆想的動作。那種自然的優美，總是令我感動。

有時我從「看課窗」偏個頭，就會看到也在看課的孟瑜。教室裡孩子忽有驚人之舉時，我們不約而同地相視而笑。

敏銳的觀察者，耐心的提問人，文筆流暢親切的作家，孟瑜用母親的愛記下雲門舞集舞蹈教室裡細微的呼吸與龐大的能量。

孟瑜往生時，我在海外，沒有告別。

到教室看課時，我仍會下意識地偏過頭去……

【初版序】

子宮——身體最初的記憶

蔣勳／作家

我總覺得身體的記憶是從在母親子宮裡就開始了。

我蜷縮著，像一個果核裡靜靜等待發芽的果仁。四周沒有光，或者，我沒有張開眼睛。然而我聽得到聲音，我嗅聞得到氣味，我感覺得到溫度，感覺得到另外一個身體跟我連接在一起的心跳、呼吸。

我像是浮在水流裡，可以聽到水波微微晃漾的聲音，感覺得到水波流動。水流是溫熱的，貼近我的皮膚，我像是被安全的港灣保護著的一艘船。

我試圖感覺那一個環繞在我四周的空間，柔軟而溫暖的空間。我試圖伸動一下我蜷曲的手腳，挪動一下拱著的背，向下探一探頭部。

也許在密閉的空間裡，那裡有一個出口，我想出去。想從這個安全、溫暖、幽暗、潮濕的空間出去。想出去，卻又恐懼出去，不知道外面的世界是什麼樣子？

還要多久，才能出去？我靜靜等待。像果仁的芽等待撐開果核的硬殼，探出新綠的芽。

我動了一動，不多久，感覺空間外面也有反應。是一隻手在撫摸我，輕輕拍打、摩娑，像一種訊號。好像很遙遠，卻又很熟悉的訊號。

我再動一動，那拍打、撫摸的訊號就更明顯了。我們像玩著身體密碼的遊戲，我們都渴望感覺到對方。

那是我學習到最早的語言嗎？一種心跳的節奏，一種血液的流動，一種身體的溫度，一種呼吸的起伏，我靜靜聆聽著，我靜靜感覺著，被另一個人的體溫包圍呵護著的幸福。

那個在母親子宮裡的空間，是我第一個單純而清晰的記憶。那個最初的空間，或許是我一直想回去、卻再也回不去的空間。

我們通常講的「記憶」，是從三、四歲開始。但是，那或許只是大腦的記憶，視覺的記憶，可以用文字敘述複製出來的記憶。文字敘述複製出來的記憶通常並不完整，也不絕對真實。

我跟朋友做過一個實驗，大家圍坐在一起，輪流敘述自己的夢。一開始，夢境的敘述並不完整，很零碎，很片段，常常銜接不起來，甚至彼此矛盾。敘述的人說著說著說不下去，覺得糊塗了，笑著說：「講不清楚了！」

可是，如果讓同一個敘述者再說一次，他的敘述就會有條理得多。如果讓他再說第三次、第四次，他的敘述就愈來愈有邏輯因果，夢的輪廓、情節、畫面也愈來愈清楚。

這樣的實驗做多了，通常我最感興趣的，並不是最後整理出來清晰有條理的敘述。印象深刻的，常常反而是那第一次說不清楚的、模糊的、零碎的、拼接不起來的片段。

夢和真實人生很像，其實並沒有邏輯條理，邏輯條理是我們後天學習來的秩序，甚至是為了使人生更像教條而硬生生編造出來的秩序，其實有很多做假的部分。但是，把夢說得很有條理的人，往往並不知道自己在做假。

我很喜歡歐洲超現實主義大導演布紐爾（Luis Bunuel），他的電影《自由的幻影》（*The Phantom of Liberty*）、《中產階級拘謹的魅力》（*The Discreet Charm of the Bourgeoisie*）都荒誕不經。一堆拼湊不起來的、沒有秩序邏輯的人生片段，那麼荒謬，卻又那麼真實，令人啼笑皆非。

我們害怕沒有秩序的人生，其實是我們害怕真實的人生。我們害怕在別人面前把自己的夢講得亂七八糟，總要假造出一個秩序。

講得清清楚楚的、有條理的夢，加入了很多做假的成分。看起來一絲不苟、沒有一點誤差的人生，會不會也一樣避開了真實的人生課題？

《紅樓夢》的偉大，正是因為作者「滿紙荒唐言」。他不害怕荒唐，把夢說得離奇荒誕，所以這麼真實。

我還是想回到母親身體裡那個最初的空間，感覺溫度、水流、呼吸、心跳、氣味，感覺那麼真實卻沒有意義條理可言的訊號。那些節奏、速度、韻律的起伏，那些篤定的撫摸與輕輕的拍打，像祕密的叩門聲音，都是我身體裡最初的記憶。

然而，我出生了，探出頭來，嚎啕大哭，從此離開了那最初的記憶空間。新的空間很明亮，刺激我的瞳孔，聲音很吵雜，找不到原來幽靜的節奏韻律，很多重大的拍打擠壓、碰撞，都跟最初身體的記憶不一樣。

我不斷在適應新的空間，但是我也一直沒有忘記那最初的空間，時時刻刻想回到那幽靜、單純、全然只有自己的空間。

我喜歡一間不大的臥室，像一個窩。睡眠的時候沒有光的刺激，沒有聲音的干擾。我蜷曲著身體，被窩連頭帶腳一起包裹著，像一隻在蛹眠的繭，回到最初子宮胎兒狀態的自己。孤獨地感覺自己，宇宙只有這麼大，靜靜感覺體溫、心跳、呼吸。等待叩門的聲音，等待呼喚你身體甦醒的訊號密碼。

在那樣的空間裡，在那樣的姿態裡，像等待發芽的果仁，覺得安全，覺得安靜，覺得天長地久，可以跟自己完全在一起。

一直到二十幾歲，一個學醫的朋友發現我這樣的睡眠姿勢，忽然告訴我：「這是『胎外恐懼症』。」

「胎外恐懼症？」一聽到「症」，就覺得自己像是得了什麼嚴重的病。學醫的朋友看我一臉驚慌疑惑，笑著安慰說：「沒有什麼，就是在出生時受了驚嚇，一直想退回到子宮裡去，退回到胎兒的狀態。」

「啊——」聽朋友說完，我長長吁了一口氣。原來所謂「症」，只是我們身體上忘不掉的一些記憶吧！

我開始探索自己身體裡潛藏的許許多多記憶，那些零碎、片段、模糊、不成形的記憶，氣味、溫度、節奏、輕重、速度，像一次夢醒時分回憶的夢，這麼具體，又這麼模糊，這麼近，又這麼遠。

我感覺著一條臍帶，連接著另一端的母親，我可以像醫生用聽筒一樣，聽到母親的心跳呼吸，聽到她的憂傷或喜悅，聽到她的平靜或急躁。

在那個小小的空間裡，我的感覺曾經如此完整而純粹，沒有遺漏任何一點細節。包括母親刺繡時解開糾纏絲線的指尖，那麼纖細舒緩的耐心，包括她不小心被針尖刺到的痛，我都記憶著，記憶在我身體的舒緩與緊張裡，一生都不會消失。

身體的記憶太多細節，太真實，太具體，我們抽象的文字語言無法重複敘述，但身體告訴我——時時刻刻要回到那個原點。

我喜歡莊子說的一個關於「夢」的故事。一個人在喝酒，愈喝愈開心，覺得這樣喝酒真是太幸福了。喝了一會兒，這個人醒了，發現剛才喝酒是一場夢，他就大哭起來，覺得人生虛無，傷心極了。他大哭了一陣子，不多久又醒了，發現剛才大哭是一場夢，就跑去打獵去了。

莊子說的是：「夢飲酒者，旦而哭泣；夢哭泣者，旦而田獵。」

「旦」就是日出，是日頭從地平線上升起，是睡夢結束的黎明，是醒過來的時候。沒有醒，我們其實不知道是夢。

我們想把夢說清楚，卻愈說愈遠離夢的真相。莊子是少有的哲學家，敢把夢說得那麼真實，那麼荒誕，令人啼笑皆非。

也許應該回到那最初的空間，再記憶一次身體上那些具體的感覺，那些真實而確定的訊號。

在面對完外面吵雜喧嚷的世界，回到家，我還是喜歡窩在被窩裡，連頭帶腳包裹著，享受一個人靜靜聆聽自己心跳呼吸的快樂。

「子宮」，或許真的是每一個人最初的宮殿，這麼華麗，這麼安全，這麼溫暖，這麼幸福。

【初版序】

給孩子，也給自己一個飽滿、敏銳、健康、好奇的身體

楊照／作家

那一年是二〇〇六年，我極度憂心臺灣媒體的發展變化，憂心有意義的文化藝術訊息進一步被邊緣化，出於一種迫急的使命感，冒昧地勸林懷民老師應該辦雜誌。我的理由是：臺灣需要一本可以被信賴的文化雜誌。雲門有超過三十年累積創造出的社會信賴基礎，雲門可以、也應該利用這樣的信賴，為臺灣多做一點事。

我還記得那是在圓山飯店二樓的「圓苑」，講完我的想法，我知道林老師一定會有很多不贊同或疑慮，我也準備好了，盡量一一回答來說服他別那麼快就否定這件事的可能性。「圓苑」吃完午餐，我們換到樓下的咖啡廳，這時林老師的手機響了，電話那頭是蔣勳老師，林老師看著我，對著電話用他特有精神奕奕的口氣說：「我在圓山飯店，

楊照要勸我辦雜誌，我竟然答應了！」

林老師答應的方式很簡單：「你要去找有行動力的人，找我沒用的。」他口中「有行動力的人」，是當時雲門舞集舞蹈教室的執行長温慧玟。

我和慧玟討論了一陣子，決定先從擴大、改版舞蹈教室原有的內部刊物開頭，試試看我們能做什麼，能做到什麼程度。讓一本內部刊物趨近雜誌，第一步要做的，就是設計出夠分量的「封面專題」。

這些專題從雲門的本色——身體意識——出發，一來藉由身體能力的開發，扣緊教育信念；二來透過多種角度的映照呈現，讓讀者不只「知道」，而且能「感受」。

理念理想如此，重點是要以文字和版面內容予以落實。幾經試驗波折，還好我們有了楊孟瑜來幫忙採訪寫稿。

孟瑜頭腦清楚，人脈熟悉，而且具備豐富的採訪經驗，有辦法讓不同對象都願意和她侃侃而談。在這優秀的記者編輯本事之上，更重要的，是她有著長期對雲門的深刻了解，和做為一個母親在教育上認真思考、積極實踐所獲得的智慧。

孟瑜完全明白貫串這些專題的精神與熱情：希望給孩子一個飽滿、敏銳、健康、好奇的身體，帶著這樣完整的配備，去接觸、去學習，進而去給予、去奉獻、去付出。

小孩的教育，必須在尊重與快樂兩大原則中進行。因為不被尊重的小孩，無法建立和別人平等互信的關係；因為不快樂的小孩，勢必得關閉自己部分的感官，避免受傷。

孟瑜的文字，充滿了流動與喜悅，她行文的口氣，不管面對的是專家，是家長，還是小孩，都有一份認真與誠懇。那是傳遞這些訊息再恰當不過的媒介了！

大家積極、興奮地工作，怎麼樣也預想不到，就在打造身體概念的同時，孟瑜的身體悄悄地敗壞了。癌細胞無聲地侵蝕了她的精神與健康，最後帶走了她的生命。

這對我們正在進行的刊物與觀念發展，是無法取代的打擊。我們不得不暫停下來，剛開始期待等待孟瑜能夠復原，接著悲傷哀嘆於這生命中無從補償的巨大損失。還有很多討論過的題目來不及做，還有更多可以再討論的題目難產了。

經過很長一段時間，我們終於能夠面對損失遺憾，整理出當時和孟瑜合作過程中的產物。閱讀這些過去仔細看過，自以為已經很熟悉的文稿，卻再度受到感動。

孟瑜不在了，但孟瑜還在，留在這些文字裡，這些仍然隨時準備要感動讀者的文字。這些文字安安靜靜地散放著清清楚楚的呼喚，它們要去影響、改變更多的人，帶給更多人尊重與快樂的身體訊息。

【新版序】

和身體在一起

謝明霏／雲門舞集舞蹈教室執行長

重讀這本書，有一種溫故知新的感覺。當年閱讀時的感動與對身體價值的認同至今從未改變，甚至在這個ＡＩ時代中，更顯重要。能隨時回到自身，與自己在一起，真實地感受，是這個時代許多人失去的能力。我們不斷向外追求滿足與刺激，卻忽略了我們一出生就擁有的「自產快樂與滿足」的天賦能力。

一九九八年，雲門舞集舞蹈教室開辦第一間「生活律動」教室，不教下腰、拉筋、劈腿的舞蹈課，打破了人們對舞蹈的想像。我們從一開始就不只是教舞蹈，而是希望透過舞動身體，帶出那些藏在身體裡、容易被忽略的感受與覺知，讓我們更理解自己，照顧自己，也同理他人。

然而，動身體的好處，遠遠超過這些目標與期待，身體就像個小宇宙，在聆聽自己的身體過程中，相信每個人都會發現許多跟自己、世界和他人連結的小祕密，這些原來都跟身體的覺察感知有那麼多的關係。

當我們開心時，就想手舞足蹈；當我們傷心難過時，一個擁抱就能讓我們得到安慰；當危險時刻，有關照的身體會幫我們減輕傷害；當我們緊張焦慮時，有覺察能力的身體會幫我們緩解症狀。身體，總是那麼神奇的存在每一個當下。

在數位科技如此發達的時代，許多事可以交由人工智慧完成，但唯一無法取代的，是透過身體感官獲得的喜怒哀樂，以及與每個獨一無二的個體實體接觸交流，才能迸發出的有機火花，而這些火花將是各種創意的開端。未來能勝過AI的人，必定擁有創造力、感受力與思辨能力。

身體是我們最親密的朋友，有「他」，才有「我」。然而，這一切不應被視為理所當然。傾聽身體、善用身體、與身體合作，才能創造美好的生命體驗。從今天開始，與自己的身體在一起，享受身心合一，共創生命中每一個獨特的時刻。

目錄｜CONTENTS

第1課 擁抱

「讓愛流動」的能力

第4課

安靜

「靜定沉著」的能力

第5課

專注

「好好生活」的能力

第6課 跌倒

「跨越關卡」的能力

第7課 親密

「快樂互動」的能力

第 8 課

友伴

「溫潤心靈」的能力

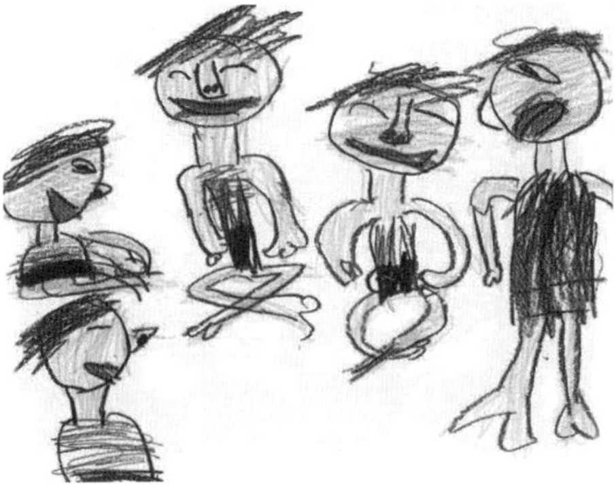

每次上舞蹈課
我都覺得
和天，和地，和身體
在一起
都會變成一種
很棒很棒很好的感覺

——朱彤，八歲

第 1 課

擁抱

「讓愛流動」的能力

還記得上一次擁抱是什麼時候嗎？是和誰擁抱？有著什麼樣的感受？
其實，每個人都是被母親溫暖的子宮「擁抱」著來到這個世界，
擁抱，是關懷、勇氣與信任的傳達；
擁抱時，體內增加的化學物質，也有助於人的健康與積極。
從現在開始，讓我們認清擁抱的障礙，找回「與生俱來」的溫暖記憶吧！

不分年紀的擁抱

林懷民

有個小男孩，從四歲到雲門舞集舞蹈教室上課，上到小學一年級。幾年後，這位已經念高年級的「小青蛙」，陪著媽媽到教室接妹妹，碰到了教過他的老師。已經長得比老師還要高了的男孩伸出雙手，開心地擁抱老師。就像從前，每堂課結束前，老師總和孩子們暖暖的一擁。

一切很自然的發生。不太自然的是男孩的媽媽，歪頭對老師說：「他都不抱我了，怎麼抱妳？」有點小小的抗議。

龍應台曾和兒子上電視節目介紹《親愛的安德烈》，給兒子愛的擁抱。二十歲的安德烈皺緊五官，一副無法消受的表情。

這兩位大男孩都到了「獨立自主」的年齡，也許需要一點時間重拾擁抱媽媽的自在。

教室外，一位老阿嬤站在課窗旁，看兒子和孫子上觀摩分享課，看得入迷，眼睛也笑瞇了。發現阿嬤伸長了脖子，有點辛苦，一旁的人上前告訴她：「您可以靠近一點看，會比較清楚。」阿嬤卻連連揮手說：「不要不要，我兒子如果發現我在看，他會不敢跳。」

東方的社會裡，友朋相見時，抱拳問候，打躬作揖，就是不碰觸彼此。在家裡，父母通常把孩子視為重要的傳承，不肯輕易放手，然而卻很少感受彼此身體的溫暖，很少有親密的相處。

我的父母親受日本教育，家裡不流行擁抱。我從美國讀書回來後，時不時用擁抱「侵襲」他們。父親斥道：「瘋子！」母親則說：「哎喲，不要這樣啦！」

父母漸老，開始接受孩子們的牽扶和擁抱。在病榻上，我們撫觸他們的臉；彌留的時辰，牽住他們的手。身體的接觸總使他們放鬆地輕嘆。

親人間擁抱的「侵襲」，永遠勝過千言萬語的訴說。

很高興看到牽著孩子走進教室裡的爸爸媽媽們，愈來愈多是「抱抱一族」。有的媽媽要抱過了才讓孩子進入校門上學去，在親子課裡，有的爸爸樂於把身體變成孩子的沙發，甚至是彈簧床。

希望能看到更多擁抱孩子的父母，和擁抱父母的孩子，不論年紀是多大。

擁抱的力量

美學家蔣勳常有機會為竹科的科技人談「生活美學」，那天，一個已多年忙於工作、幾乎沒有休假的工程師問他：「蔣老師，我應該讓五歲的女兒學鋼琴好？還是學小提琴好？」

蔣勳的回答是：「你可不可以多抱抱她？」讓那小女孩在五歲時記得的，是父親的體溫，是溫暖的記憶，而不是學的哪一樣樂器。

蔣勳成長於母親普遍自己哺乳的年代，他從小與母親非常親密，常常靠在一起說話。「我記憶中有很多媽媽的氣味，即使媽媽過世後，我都還記得她的體溫給我的感受。」他說：「這對我一直是一種安定、穩定的力量。」

身體的記憶，影響於無形，卻久遠而深刻。

事實上，每個人都是被「擁抱」著來到這世上的，那是母親充滿羊水的子宮。

擁抱，所有關係的基礎

「我們出生前，都是被媽媽的子宮『抱著』。」致力於人格與人際關係養成教育的「友緣基金會」副執行長黃倫芬說：「擁抱，其實是孩子所有關係的基礎。」

心理諮商師、作家游乾桂也說，在心理學上是以「子宮效應」來形容擁抱。子宮內是個安全的環境，生命被暖暖包圍著、保護著，感受著愛與溫暖。

當人出生，離開母親的子宮後，「安全的環境已經消失了。那麼，有沒有再去形塑？」游乾桂說。

接生者遞上的毛巾，與攬之入懷的懷抱，應該是第一個形塑。尤其當生命脆弱的時候，擁抱發揮的力量可能驚人。

醫學研究已經發現，擁抱、輕拍、撫觸一類的觸覺刺激，有助於孩子身高、體重的增加，甚至可幫助早產兒的存活率。

前臺安醫院小兒復健科主任陳達德表示，早產兒每天接受按摩等觸覺刺激，體重就可穩定增加。他指出，所謂的嬰兒猝死症，至今原因不明，但臨床上發現，只要給予足夠的觸覺刺激，就可大量降低嬰兒猝死症的機率。

脫離母體後的生命歷程，「擁抱」似乎是重塑了那個有人護佑、有所依靠、有愛連繫與交流的所在。

人們需要溫暖的觸覺接觸，需要擁抱，但隨著長大，隨著變成「大人」，生活裡、生命裡，往往漸漸少了擁抱。

認清擁抱的「障礙」

為什麼不再擁抱？為什麼無法擁抱？原因很多。有的來自孩子，有的來自成人，有的源自環境，有的源自社會文化。

孩提時高舉著雙手要爸媽「抱一個」的孩子，到了青春期，由於身體發育與心理上開始「建立自我」等因素，不再輕易抱抱了。

經常協助親子、家庭諮商的黃倫芬說，青春期確實是一個「界限」，男孩女孩都一樣，但做父母的也不用難過，重要的是持續給予孩子關懷，「一句稱讚，也可以是無形的擁抱。」

正因為孩子可能愈大愈不願被抱，做父母的更要珍惜與掌握孩子青春期以前的

「抱抱時光」。

游乾桂記得有次要抱上了國中的兒子，從小親密的兒子竟然有點彈開，還問他說：「你要做什麼！」他了解「青春期的孩子，就是這麼ㄍㄧㄥ」，沒關係，轉個彎，他還是可以「接觸」孩子，譬如父子一起去打球。

兒子從三歲起，就拿著羽毛球拍跟他去運動，國、高中時最擅長的是籃球。「孩子的成長，可以在這過程中看到：從你讓他，到兩個人拉鋸，到他故意讓你，有一陣子又喜歡蓋你火鍋……」游乾桂笑著說。打球時，父子兩人的身體是貼近的，交換著彼此的氣息，這何嘗不也是一種「擁抱」。

做父母的，可以如何製造與孩子「擁抱」的機會呢？游乾桂的經驗是，大人也不妨向孩子示好或示弱。

譬如，看電視新聞時看到難過的事情，或工作回來感到疲累時，未必需要掩藏自己的情緒，何妨讓孩子知道你的難過，然後請孩子讓你「靠一靠」。游乾桂說，「女兒就常看出我的脆弱」，會拍拍他，或讓他靠靠。「讓孩子覺得，他也是可以幫助爸爸媽媽的。」這也是一種擁抱。

還有，可以在家中創造節日，如每個人的生日、某某紀念日等，規定「這樣的日子，家人都要擁抱喔！」也是不錯的辦法。

黃倫芬也建議，有時候父母與孩子「共同做一件事」，如相偎一起做美勞，一起創作紙黏土等，也可以傳達擁抱的感受，就是「我們是在一起的」。

當然，有時擁抱的「障礙」不在長大的孩子，而是在父母身上。

杏語心靈診所院長陳俊欽說，孩子長大了，有時爸媽也不像孩子小時候那樣無私、自然的擁抱了，反而可能是「有條件」的抱，譬如考試成績要好，要表現得好，才肯抱他。

黃倫芬則碰過有的媽媽明知道應該去擁抱孩子，但卻「實在抱不下去」，或是媽媽才抱了一下，就馬上找個理由推開孩子說：「好了，好了，你要看的電視快開始了，快去看！」

細探原因，可能是「這孩子長得太像我婆婆了」（發生在有婆媳問題的家庭），或是這孩子的出生讓媽媽吃了很多苦頭（難產、出生後家裡發生變故等），孩子與媽媽不愉快的記憶連在一起，不覺間也成了親子間的鴻溝。

對此，黃倫芬的建議是，做媽媽的盡量想清楚「是什麼阻礙了妳和孩子之間」，要明白「這不是孩子的錯。」若真無法擁抱孩子，也不要太自責，那會給彼此製造壓力，不妨以其他方式漸進，如拍拍孩子的頭，拍拍孩子的肩，牽牽手，或讓孩子坐在身邊，靠近說話等等。

或許，擁抱是需要練習的。何況我們社會所處的文化傳統裡，常常造成了身體的距離與束縛，難以「貼近」彼此，尤其是在父親的角色上。如今青壯年以上年紀的人，恐怕很少有被父親擁抱的記憶。

蔣勳從小與母親常常身體相依，但和父親的相處中，就非常缺少這一部分，「始終是種遺憾。」即使父親晚年體弱，蔣勳想去攙扶他，可惜父親受到傳統角色的影響，「並不習慣我的攙扶。」這般的身體親近，已是在父親生命的終點前，卻依然有著莫可奈何的距離。

四年級生的游乾桂，也有類似感慨。他以「極其困難」四字，來形容想要接觸到父親的身體。「我們很渴望擁抱，但爸爸對我們總是若即若離，媽媽也是一樣。」他父親其實是充滿愛的人，家中除了游乾桂和弟弟，其他四個兄姊都是父親領養的，只因為聽到對方家窮養不起。

游乾桂至今仍記得，小時候陪父親到果園工作，忙完了，「爸爸會摸摸我的頭，拍拍我的肩。還有，在下雨天，他會拍掉我頭上的雨水，找大大的芋頭葉子遮在我們頭上，或是脫下他的外套給我們擋雨。」他說：「小時候我們不懂，長大後才知道那是他表現愛的方式。」

那是那一代人，所能給予孩子的「擁抱」吧！

老一輩的人，感情似乎總是內斂的，身體也是「收斂」的。游乾桂知道，爸爸是疼愛他們的，只是一直在「演」父親的角色（有威嚴、不輕易接近孩子）。父親晚年得了癌症，病逝前常由他攙扶著去辦一些未了之事，「我們（身體）最接近的時候，卻也是要接近離別的時候了。」說來不免感傷。

擁抱，有益身心

「肯愛協會」秘書長蘇禾與年邁的母親，也有一段關於擁抱的故事。蘇禾從小就被送走，即使偶爾跑回家，母親也排拒他。「我從來沒有媽媽抱我的印象。」他說，母親是個艱苦卓絕、辛勤持家的女性，並非不負責任的母親，但就是不曾抱他。

後來，年過八十的母親因腦部纖維瘤而陷入昏迷，蘇禾猛然警覺：「我可能快要失去她，再也沒有抱她的機會了。」於是在母親病榻前，他有空就跟她講話，唱歌給她聽。學音樂的他覺得，自己能做的就是這些了。

半年後，母親醒過來了，看到蘇禾，竟笑嘻嘻地走過來抱他。「那一刻，我心想：『妳可能忘了妳從來沒有抱過我。』」蘇禾滿懷笑意的回憶，那一刻母親開心的模樣，「我從來沒有看過。」

醫生曾說母親即使醒過來，也可能不會說話或有憂鬱症，但都沒有發生。蘇禾尋回一個「可以開心的笑」的媽媽。

不要懷疑擁抱的力量，以及擁抱對健康的幫助。醫學上已經發現，擁抱這類的觸覺接觸，可以使腦內兩種神經傳導物質增加，一是給予人愉悅、安定感受的「血清素」（憂鬱症患者就是缺乏血清素），二是給予人欣快感、成就感，增強自我肯定的「腦內啡」（或稱腦內嗎啡）。

研究也發現，當這兩種物質在人體內增加，也有助於白血球連結，增強免疫功能，對人的健康都是助益。

蘇禾自己曾是憂鬱症患者，甚至有自殺紀錄，在擺脫憂鬱困擾、被「救回來」的過程中，有兩次的擁抱經驗，讓他覺得至為重要。

一次是在教會類似集體治療的聚會中，陷於憂傷、自憐情緒裡的他，在對方的擁抱下「感覺到自己一點一點的被拉起來」；一次是覺得快走不下去的他，半夜做惡夢，瘋狂大叫，這時室友衝進來，抱住他大哭，拚命要搖醒他，他在室友扭曲的臉上「彷彿看到自己有多慘」，而對方那「強烈的擁抱」，讓他獲得支持，也重新正視自己。

擁抱運動正盛行

這些年來，肯愛協會致力於為現代人解壓、協助人們走出憂鬱的服務。他們曾在臺北信義商圈舉辦「擁抱・愛」小型演唱會，以及「好事抱抱您，溫心八八〇（抱抱您的諧音）」活動，一個下午，就有近一千六百人到現場來，參與擁抱。

無獨有偶地，那個週末西門町也有一場擁抱行動。四十歲、有五年愛滋病史的張亞輝，在街頭高舉著「Free Hug For HIV/AIDS真情擁抱愛滋」的牌子，尋求一百個陌生人擁抱。

他原本擔心，可能連三十個人都抱不到，結果他獲得了一百五十個識與不識的人，張臂擁抱他。這些人從小孩、學生、媽媽，到老先生都有。

「Free Hug」活動起自美國，最早是一名男子因為在母親的葬禮上，聽到許多人回憶曾自他母親那兒得到的溫暖，他覺得可借助他人的溫情來克服喪母悲痛，因此舉了個寫有「Free Hug」的牌子，到街頭尋求擁抱。

放眼世界，澳洲一名男子也在雪梨如此行動，並將過程拍成短片，在網路上流傳。影響所及，長沙、西安等地也出現了要求「Free Hug」的「抱抱團」。

與西方人相比，東方人還是多了些遲疑、羞怯或排斥，但漸漸的，也開始有不少人敞開胸懷給予大大擁抱。在臺灣，肯愛協會的活動，張亞輝的行動，似乎也透露了人們逐漸能擺脫束縛，用擁抱來傳達愛與關懷。

在家庭裡，何嘗不也一樣。願意把自己的腿給兒子當「沙發」、肚子當靠背的爸爸，愈來愈多了；也有做丈夫的，寫文章到報上發表「清晨擁抱」，描述孩子相繼離家讀大學後，有天他開始在起床前把妻子摟入懷中說說話，妻子起床後總是帶著好心情為他準備早餐，告訴他：「如果每天清晨醒來，能跟你互相擁抱，那我會感到好幸福，好快樂。」

當我們擁抱時，很多美妙的事會發生。常常溫習那「與生俱來」的溫暖記憶吧！每個人都需要的，不要等到好久好久以後才去追索。

要好好抱，不要亂抱

擁抱雖是好事，但也不要隨便亂抱，要「適時適度」的抱，要「尊重對方」的抱。看過國內外一些政治人物吧？在群眾間為表示親民，有時一把就抱過熱情民眾的小孩，結果孩子卻哇哇大哭。不要怪這孩子不給面子，其實是你沒徵得他的同意就抱他。（即便孩子的父母很樂意，但終究孩子「本人」沒有同意。）

還有一種「亂抱」，就是涉及性的、不適當的抱。譬如給人性騷擾感覺的抱，就不對了。此外，有些少女因為渴望擁抱，演變成隨便與陌生人發生性關係，只因「那個男人會抱我」。黃倫芬特別提醒：「不要因渴望擁抱而迷失在別人的擁抱裡。」

即使是互助團體裡的擁抱，也要留意分寸。蘇禾說，他們有「三不」擁抱：不要太過親膩的擁抱（互相碰鼻子的抱）；不要奶媽式的擁抱（一直搖晃、猛拍對方的抱）；不要吃豆腐式的擁抱（流於性騷擾的抱）。他說：「應該是發自心中，很誠懇地，給予同理心，給予支持或安慰的擁抱。」

陳俊欽醫師也點出，擁抱其實包含著相當複雜的訊息。當人要擁抱時，擁抱者是雙手打開的，沒有任何「防禦」，被擁抱者則是被「包圍」的。等於說，雙方的身體都是在「隨時可能承受攻擊」的狀態。

這樣的狀態，正代表雙方有足夠的信任，以及足夠的勇氣。因此他認為，真正的擁抱，不只象徵愛，更傳達了信任與勇氣。

以愛滋患者張亞輝的「真情擁抱」活動來說，陳俊欽認為，正因張亞輝的坦白（坦承自己的愛滋身分），在大庭廣眾之下，也激發了民眾的勇氣，去突破社會的局限，穿透世俗的禁忌，給予擁抱。

「真誠」，也是擁抱不可或缺的元素。

從小到老，都需抱抱
——專訪小兒科與抗衰老醫學醫師丁綺文

「擁抱的力量，不只發生在孩子身上，也會發生在大人身上。」書田診所小兒科主任醫師、榮新診所副院長丁綺文開宗明義地說。

先從做父母的都可能碰到的孩子病痛哭鬧說起。

擁抱給予「安全感」

「嬰兒腸絞痛」，半歲之內經常發生，就是一般所說的「腸脹氣」，或老一輩用臺語說的「膨風」。丁綺文指出，這是屬於腸道神經的發展過程，前一個蠕動波未完，下一個蠕動波又來，腸道因此糾結疼痛。

這時，為孩子輕輕按摩肚子，他會比較舒服；或者把孩子抱起來，貼近大人的身體，同樣可以減輕不適。

這樣的擁抱，一是有大人的體溫熨貼著孩子，如同熱敷的效果，二是可以讓整個腸道放鬆，三是擁抱讓孩子產生安全感，可幫助克制內在的痛苦。等於從身體到心靈到內在的腸道，都經由「擁抱」被溫暖的熨服了。

「夜驚」，是半歲到一歲半時常見的情形。孩子在睡夢中猛然驚醒，甚至害怕的大哭，即使大人一再告訴他「那只是夢，別怕」，孩子可能依然閉眼狂哭。

不要以為孩子是刻意「不願面對現實」或向大人撒嬌、撒野，其實這時候，孩子是真的分不清夢境與現實。丁綺文說，這年紀正是大腦「神經突觸」發展旺盛的時期（神經突觸的發展攸關孩子的認知、才智等），但控管能力尚不足，有時連結太多，孩子就特別容易做夢，又無法分清那只是夢，因而受驚猛哭。「最好的方式就是抱住他，用穩定的語氣、沉緩的語調，跟他說話，安撫他。」丁綺文說。

用肢體上的安撫來給予安定感，這對成長的幫助，在醫學上是有實證可依的。

例如「嬰兒按摩」。從出生到兩歲，是開始建立自我認知，也會產生分離焦慮的時期，而藉由肢體的撫觸，對於孩子的動作發展、語言發展、人際發展，都有正面影響。

又如鼓勵母親哺餵母乳。丁綺文說，重點不在「母乳的成分」，而在「哺餵母乳的過程」。母乳的營養成分或許不見得一定比牛乳好，重要的是，餵乳時孩子貼近母親的懷抱，感受母親的體溫，彼此身體的親密接觸與對話，才更是孩子一輩子受用的。

孩子到了青春期，往往就不太喜歡被父母抱。丁綺文說，沒關係，以前就常擁抱孩子的父母，這時候若能照常就照常，若孩子不想被抱也無妨，而以前就少抱孩子的父母更不須刻意去抱，重要的是表達對孩子的支持、關懷與陪伴。

擁抱所傳達的，就是給予對方支持、關心，讓對方覺得自己並不孤單。

擁抱時的「化學變化」

除此之外，醫學上也已發現，當我們擁抱時，身體裡所產生的「化學變化」，確實對人是一件好事。

丁綺文指出，擁抱會增加腦內兩種神經傳導物質的增加，一是血清素，這是給予人愉悅、安定感受的化學物質；一是腦內啡，這是給予人欣快感、成就感，增強自我肯定的腦內賀爾蒙。

白血球的連結中，也會靠這兩種神經傳導物質。換句話說，愉悅、自信、免疫力增加，這些身心的健康，隱含在擁抱的奧妙中。

由此來看，不只孩子需要擁抱，大人，乃至老人家，都需要擁抱。尤其跟孩子自然的摟摟抱抱相比，成年人往往很「ㄍㄧㄥ」，甚至經年累月的社會化結果，已經失去了擁抱的能力，老人家更不用說了，其實「都有此需求，卻沒有被滿足。」丁綺文說。

臺灣已邁入老年人口增加的社會，在老年照護這一部分，「我相信擁抱的積極作用，應該也可以予以觀照。」

從小到老，人生的每一個階段，身與心的成長和健康，親人、家人、朋友適時的溫暖擁抱，是會有大作用的。

給孩子多些「接觸」

擁抱和觸覺有關，而孩子觸覺功能的發展，對身心成長極有影響。前臺安醫院小兒復健科主任陳達德詳細說明了這部分。

觸覺功能，很多家長可能只以為和觸碰有關，或頂多和精細動作有關，其實就神經解剖的諸多研究發現，觸覺會影響到孩子的體重、身高和注意力。

孩子小時，如果照護者很少與他「互動」，只讓他在那兒「不動」，沒有給他「刺激」，大人以為是最安全的方式，其實是最危險的方式。

「刺激」是一種「大腦食物」，沒有這些刺激，大腦不但無法發展，甚至會萎縮退化。因為人類發展有一個很重要的原則，就是「用進廢退」——去用才會進步，不用則會退化。

年紀愈小，對於發展「親子依附關係」愈重要，而依附關係在大腦中，主要是走觸覺路徑。研究上發現，孩子獲得足量的觸覺刺激，體重和身高才能漸漸累進。孩子若沒有足夠的觸覺刺激，注意力會有問題，容易躁動不安，還可能影響到呼吸。

我們可以在小朋友身上看到這些現象：觸覺系統發展不好的孩子，常見挑食，不喜歡別人觸碰他的臉，不穿特定的衣服（如套頭毛衣），這是出現在口腔、臉、脖子的敏感。影響到全身，會有所謂「觸覺防禦現象」。有些孩子在幼稚園會打人，具攻擊傾向，而被指有「暴力人格」。其實不然，他只是基於原始的「觸覺防禦」，對於不經意的觸碰，他通常只有兩種反應：攻擊或逃跑。

總之，觸覺系統影響的範圍，會造成小朋友在飲食、衣物穿著上的困擾，以及衝動控制上的問題。他往往不能等待，情緒控制力差，喜怒變化很大。

此外，還會影響到精細動作的能力發展，以及對動作的預測能力。如丟接球時，能夠預測下一秒球會在哪個位置或方向，手該如何配合等等。有時會誤以為是手眼協調的問題。

人際互動上也會有影響。有些孩子並沒有攻擊行為，但在學校人際關係很差。陳達德曾在臨床上遇過一個小女孩，很漂亮乖巧，卻被同學形容得極度不堪。先進的觸覺系統中，有個很重要的功能——區辨性，區辨能力不好的孩子，無法細膩判別他人的情緒，做出適當的反應。譬如別人開心時，她卻講悲傷的事；或別人不開心時，她卻做出錯誤的回應，結果被當成「白目」，因而得罪別人。

觸覺系統影響到的層面非常廣，這裡只舉出部分。重要的是，大人要多陪孩子「互動」，彼此多些「接觸」。

不只「擁抱」，更是「懷抱」

——專訪學者熊秉真

在明清知識分子留下的札記、書信、回憶錄等篇篇書頁中，熊秉真發現了不少文人坐於父親懷抱裡的兒時畫面。

「時時抱置膝上，以舌舐面為樂」，從四歲開始，父親仍把他抱在懷中，「日指識一、二十字。」這是十六世紀文人翁叔元的回憶。

父親常「抱提，口授孝經、古詩」，祖父則「彎小弓引之射。」這是同一時代，誕生於河北一耕讀之家的李塨留下的記憶。看得出來，他父親和祖父希望他文武雙全。

十七世紀的士子夏敬渠更有意思。他幼時常坐在父親膝上玩弄父親的鬍鬚，父親知道他愛吃青豆，就拿了一盤，「戲而誘之識字」，學會一個字，就吃一顆豆子，既享天倫樂，又寓教於樂。

大家較熟知的清代名人林則徐，父親是個終生以教讀為業的讀書人。林則徐四歲時，父親也把他帶到學堂裡，「抱於膝上，自之無以及章句皆口授之。」

熊秉真說，傳統社會裡，父親通常不須直接照管幼兒生活，依古禮對士人的起居規劃，男子的活動場所與婦女兒童的也不在一起；但到了明代和清代，士人的家居生活有了許多改變，比起過去「顯得隨和許多，父子相親的情景不再少見。」

熊秉真的研究發現，明清社會中許多父親並不排拒跟孩子相處、親近的機會，雖然他們與孩子的接觸，最早多半仍是在孩子脫離嬰孩期，到四、五歲的幼兒階段，而且大多是以啟發智能，或比較輕鬆有趣的理性發展活動為主。

至於孩子的飽暖飢寒、哭鬧生病等身體需要，比較勞苦愁煩的部分，主要還是靠女性、母系角色。

做母親的是不用說了，甚至奶媽、叔母、婢女的護佑，都在東方知識分子的成長回憶中占了重要一頁。

十七世紀的牛震運，便記得幼時叔母對他身體髮膚一些非常細膩的照顧，「運三、四歲時，叔母常置我於膝上，為我總角，手梨棗，問所飲食」，「運常患齒痛，劇則一、二日不能食，叔母多方為運治去蛀蟲，卒以大愈。」

文人繆荃孫四歲時曾「種痘甚危」，連母親也急到六神無主，日夜哭泣，後來是靠著陪嫁的婢女王如意「保抱甚勤，幸而獲安。」繆荃孫的痊癒，也許有著很多機運，但那婢女「保抱甚勤」，似乎也印證了擁抱的力量。

關於擁抱，以及擁抱中的親子關係，自文化的長河來看，熊秉真認為應給予更寬闊、更多元的看待，「現代叫『擁抱』，古典的語言則說是『懷抱在身』。」

文化身體的懷抱

她提出了「文化的身體」與「個人的身體」觀點。一個社群自長期以來所形成的舉止儀態、禮儀規範，乃至群體的共同肢體語言，這形塑了「文化的身體」。

在東方的文化身體裡，親子關係來自三方面：生育、養育、教育。生育者是父親、母親；養育者可能是奶媽、繼父母、祖父母；教育者是師傅，傳授個人安身立命之道（知識或一技之長）。這三者都傳承了生命。

熊秉真說，東方傳統也許少了西方的身體「擁抱」（Hug），但文化身體中的「懷抱」並不少見，也延伸了親子關係的各種關愛。

除了上述士人們被父親「懷抱在膝」的經驗之外，「提攜」——就是父親牽著孩子的手，走在田埂上教他認識水稻、五穀，走在市街上教他認識店舖、招牌，這都屬於東方文化中的身體接觸與心靈擁抱。

還有「鞭策」。熊秉真說，鞭子形同父母身體臂膀的延伸，雙親用管教的網予以約束，也給予包圍。所謂「打在兒身，痛在娘心」，代表了父母的不放棄，是另一種「身與心的接觸」。

熊秉真說，以文化觀點來看擁抱，應該有三個層次：身體上的擁抱、情感上的擁抱，以及精神上的擁抱（或說心靈上的擁抱）。也就是說，涵蓋了身、心、靈。在東方文化裡，這三者並不一定需要同時發生。譬如詩詞裡講「千里共嬋娟」，雖然相隔千里遠，彼此身體是分離的，卻可以藉著共看一輪明月而精神上「擁抱」在一起。

還有，〈遊子吟〉裡的「慈母手中線，遊子身上衣。」慈母是藉著手中的一針、一線，來「擁抱」孩子。即使遊子出門在外，身上所穿的衣服，始終有著母親「情感上的擁抱」。

或許可以說，我們的身體接觸雖含蓄、少有，但情感表達上更細膩、豐富。熊秉真認為，這甚至是東方文化身體的創意與正面所在。

當然，她也認為「文化的身體」與「個人的身體」之間常有拉鋸存在。任何一個文化，都不是單一的聲音。例如，儒學、理學教化下的身體，是希望能「靜下來」，舉止有禮而規矩，教育孩子也是「好靜而不好動」；但實際上，戲曲、小說裡多的是「鬧學記」的景象，十一世紀宋代的「嬰戲圖」，呈現的也是一個個嬉戲的孩子，一個個「好動而不受拘束的身體」。

擁抱亦然。在傳統文化裡，有著對身體很「收斂」的父親，但那「抱置膝上，摩頂熟識」的父親也不曾缺席，那「懷抱」、「提攜」的身影也已一個個多了起來。

請你跟我這樣抱

示範：林怡君、陳品瑋

擁抱，不分年齡、不限角色。掌握一些祕訣，會更「貼心」。

要擁抱對方，試著調整自己的姿勢，與對方在相同的高度，與孩子擁抱，要蹲下來，讓雙方有眼神的交會。

早上，可以與家人「起床抱」和「出門抱」。溫柔地抱抱彼此，靠著耳朵講幾句叮嚀的話，讓雙方以美好的感覺展開一天，效果一定不錯。回到家，也可以有「回家抱」。

一家人常抱抱，「多一些觸覺感受，就會多一些信任」，「最大的獲益者，其實是爸媽自己，因為親子之間的溝通會比較順暢。」有兩個兒子的林怡君說。

抱抱有很多種，只要是親密的身體接觸，都是「擁抱」的延伸。從背後輕輕環抱、搭著肩膀、靠著彼此、牽起手，家人之間可以發揮創意，創造各種「體貼」。

不僅是開心的時候抱抱，當情緒湧上來時，也可以抱一抱。擁抱，可以是鼓勵，也可以是安撫。

有時候看到孩子在商場、捷運等公共場所裡鬧情緒，大人往往會斥責，或是莫可奈何的放任。其實，這時候可以「溫柔而有力」地從後方環抱著他，或用手搭著孩子的肩，把他的身體靠攏到自己身旁，輕輕和他說話。對於較小的孩子，還可以用手的指腹去梳他的後腦勺，通常孩子的情緒都會因此舒緩下來。

擁抱，真的大有妙用。請勇敢敞開雙手，找到屬於自己的抱抱方法吧！

滾滾抱

親子抱在一起，滾啊滾的，又親密，又開心。

背背抱抱

「扣緊安全帶」，用雙手緊緊抱住彼此！

雲門教室身體小宇宙

愛自己，是需要練習的，不妨用觸覺聆聽身體的變化。掃描QR-code，跟隨雲門教室老師的聲音引導，學習如何善待自己的身體吧！

手掌比一比，誰的手掌大呢？帶領寶貝認識不同的身體部位，用觸覺建立親密連結。

第 2 課

呼吸

「調和身心」的能力

美得輕顫人心的《水月》，總是讓各國觀眾讚嘆的《流浪者之歌》，
原來，是呼吸，造就了雲門舞集這些舞。
生命，不也是在一呼一吸的吐納之間？
生活裡點滴累積的壓力，是可以透過好好呼吸，來予以消融、化解的。
呼吸，讓身體與心靈，有了溝通。

呼吸，所以存在

蔣勳

真正的呼吸常常是閉著眼睛的。

好像走進深山裡，四周一叢一叢高大的樹林，在清晨鳥雀鳴叫的聲音中，看到樹葉間隙一絲一絲的陽光，像千萬縷細絲交織成的一片薄紗。然後，你嗅聞到清新的氣息，林木間長年累積的腐葉的氣味，腐葉與腐葉之間雨水沉積的氣味，黴菌的氣味，剛剛探出帽子的各種菇類蕈類的氣味，樹皮上青苔的氣味。

你深深吸一口氣，所有分不清來源的氣味通過鼻腔，彷彿洶湧的海濤，一時湧擠在狹窄的河口。鼻腔似乎被嗆住，好像辛烈帶一點辣味的芥末，衝開了嗅覺系統每一個儲存記憶的孢囊，於是嗅覺變成了觸覺。

呼吸，常常被認為是嗅覺；我們呼吸的時候，是經由鼻腔感知到空氣中的氣味。

但是，呼吸或許更是一種觸覺。氣流充滿著鼻腔，在靜坐時，打太極時，或做瑜伽時，每一次的「呼」或「吸」都成了真實而具體的觸覺。彷彿氣流成為一個最細微的按摩的手，按摩我身體內在最不容易被觸動的角落，按摩我的咽喉，按摩我的聲帶，按摩我的肺葉中每一個小小的空隙。像氣球被氣充滿，像氣球徐徐釋放出氣，氣體或許更是細微的觸覺吧！

我的身體上記憶著、存留著母親的呼吸。一定是在母親子宮裡的時候，我蜷曲著的身體，被母親充滿韻律的呼吸包圍著。每一次的「吸」像一種壓縮，每一次的「呼」像一種釋放。我的身體被收放的呼吸包圍，像海洋的潮汐，早在我離開母體之前，我已感覺到呼吸。母親的呼吸，與自己的呼吸，慢慢形成一致的節奏。

能感覺到他人的呼吸，是多麼幸福的事！

我曾經沉睡在母親腹中，感覺母親的呼吸；我曾經在哺乳後，爬伏在母親胸口，感覺母親的呼吸。那微微的律動與起伏，使我感覺到生命的存在。

我嘗試爬伏在土地上，聆聽大地的呼吸；我嘗試匍伏在海灘上，聆聽海洋的呼吸；我嘗試把耳朵貼在一棵大樹上，聆聽樹木的呼吸；我嘗試靜靜躺在一塊巨石上，聆聽岩石的呼吸……

所有存在的事物，都以細微不容易覺察的呼吸，告訴我它們存在的事實。

一片在泥土中腐爛的葉子，一滴滲透在草叢中的雨水，一張曬在陽光下的棉被，一隻空的陶瓶……它們各以不同的方式，告知我它們正在呼吸。

它們呼吸，所以它們存在。

—身體芬多精—

呼吸，原來大有學問

「在一生中，有三個時間點你會想到呼吸問題：當聞到很臭的味道時（比如義大利麵裡的大蒜蝦）；當呼吸處於危急狀態時（比如被大蟒蛇纏繞）；當喘個不休時（比如新婚之夜）。在其他時間裡，呼吸這樁事就像歌手珍娜．傑克森（Janet Jackson）的伴舞女郎，不太引人注意。」

曾是《紐約時報》暢銷書排行榜第一名，由天下文化出版的《You——你的身體導覽手冊》，書中這段文字，頗為傳神地描述了「呼吸」在人們生活中的處境。沒有呼吸，人活不了，但呼吸卻又是如此「尋常」，以致人們往往忽略了它的存在。但現在，情況漸漸有所不同，開始有不少人注意到呼吸「非比尋常」，開始學著練呼吸。

人們開始練呼吸

陳姿吟，年輕的職業婦女，育有三個男孩，其中一對是雙胞胎，生活中的忙碌、煩躁可想而知，她開始去上和呼吸有關的課程。「以前抒解壓力的方式，就是吃東西或罵孩子。」她坦承地笑說。而現在，「每天撥出四十分鐘做呼吸和靜坐，壓力大的時候更是一定做。」

她發現明顯的改變是：孩子吵鬧時，她會耐著性子對他們；在公司裡，她也可以用較清明的思緒和情緒來應對進退。

自創「風之舞形舞團」的前雲門舞者吳義芳，應一群中年以上的婆婆媽媽們之邀，為她們開「養生班」，課程中除了肢體的運用，也包括呼吸的運用。這一班裡，有退休教師、醫師太太等，上了兩年多的課，她們很高興地告訴吳義芳：「我可以去爬山了！」「我不怕跌倒了！」

吳義芳笑說，最喜歡聽到她們要請假，因為「她們請假不是為了看醫生，而是身體好了，要出國去玩。」

可別以為想練呼吸的只是「婆婆媽媽」，從事高科技業的男士們，也遁入此道。

吳宏基，科技公司經理，負責過不少大案子，表現突出。投入工作的時候是「7-ELEVEN」，每天早上七點出門，晚上十一點才搭車回家，累到每晚進家門時，「只剩下一口氣。」他如此形容。

這些年來，他接觸與呼吸有關的課程，融入生活中。漸漸地他覺得：「雖然每天的工作壓力依然存在，但我已能夠用比較『鬆』的態度來面對，對自己的team也不再疾言厲色，整個team的互動愈來愈好。」

把自己清一遍

吳宏基說，「練呼吸」彷彿讓他把自己「清」一遍，使負面的能量不要累積在身上。現在這件事已如刷牙洗臉般，每天都要做。

在資訊業工作的曹立德，最早是在歐洲上「淨化呼吸法」的課。當時在臺灣接觸到此課程的女友，向旅居在外、經常奔忙的他建議。「我是非常鐵齒的。」他說，當時他半信半疑，查到德國就近有課程，就當作休個假，去放鬆一下。結果滿出乎他的預期，不僅是放鬆，「還有一種看清楚自己的感覺。」

呼吸，每個人天生就會，為何要學、要練呢？別說學科學的人鐵齒，連一般人用「常識」也會質疑。像陳姿吟自己練得好，想到媽媽年紀大了，還幫她帶小孩，邀媽媽一起練時，老人家就說：「喘氣誰攏會，擱需要練喔？」

是的，「喘氣」誰都會，但有沒有想過，每天的「氣」是如何在「喘」的？有沒有注意到，現代人的呼吸，大多是急淺而短促，常常忙得「喘不過氣來」的？

有意思的是，世間萬物中，往往呼吸愈慢的動物活得愈久。狗，呼吸速度每分鐘二十八次，平均壽命十六年；牛，每分鐘呼吸二十次，平均壽命三十二年；大象，每分鐘呼吸十八次，平均壽命六十年。人的呼吸速度是每分鐘十六次，平均壽命七十二年；龜的呼吸速度則是每分鐘兩次，壽命可高達兩百年。

怪不得自古以來，龜就被視為長壽的象徵，武俠小說中也有所謂「龜息大法」。當然，萬物自有生命型態，呼吸未必一定愈慢愈好，人也不必讓自己學得如烏龜一樣。

「深吸徐吐」比較好

一般來說，醫師們大多會建議：「深吸徐吐」、「緩慢呼吸」，確實對健康比較好。

專研過敏醫學的蕭瑞麟醫師表示，過敏的孩子常到大自然中「深吸徐吐」，或藉助游泳、騎單車來鍛鍊呼吸，對身體都有幫助。

著有《抗老化健康三寶》，教人「怎樣呼吸、喝水、飲食最健康」的何權峰醫師，書中也指出：一般成年人在安靜時，通常每四秒鐘一次呼吸，若能緩慢些，並配合腹式呼吸法（吸氣時腹部凸起，呼氣時腹部凹下），達到每六秒鐘一次呼吸，對身體較好。

緩慢呼吸的理由是，可排出較高濃度的二氧化碳。人平常的每次呼吸，並不能把體內的二氧化碳都汰換乾淨，而二氧化碳積累過多並非好事。若在呼吸上「稍做些調整」，即使慢個兩秒之差，都有助於排清二氧化碳，可提振精神，防治疾病。

除了淨化呼吸法、腹式呼吸法之外，如今各家各派常見的氣功班、瑜伽課、靜坐課等，不論養生還是塑身，萬變不離其宗，都會運用到呼吸。就連習武術也會說：「外練筋骨皮，內練一口氣。」那口氣，無非也是呼吸。

所謂練呼吸，就是覺察到呼吸的存在，並把呼吸當成身體與意念（或說身與心）之間溝通的橋梁。

「就像吃蘋果，你只是將它咀嚼，然後吞下肚子；還是有覺知的吃，一口一口都吃到蘋果的滋味，那是不一樣的。」曾任雲門舞集舞蹈教室創意長的黃旭徽如此形容。

「呼吸的練習有千百種，光是我練習的就有三、四十種。」黃旭徽幾乎每年都飛到印度，研習各種瑜伽呼吸法。他說，一般人其實只要專精一種，持續練習就好。

進一步說，練呼吸，也是藉由呼吸的深化，透過不同頻率的呼吸調整，來平衡人的身體，乃至平衡人的生活。

神經科學與呼吸

即使呼吸「難以捉摸」，但從神經科學的領域，確實可理出脈絡。

曾任成功大學醫學院生理學研究所副教授的黃阿敏指出，日常的呼吸是隨意的呼吸，無法有效影響到神經系統，而學習某些呼吸功法，呼吸是調息式的，透過深長緩慢、或疾或徐的吐納，在調整呼吸頻率的過程中，「就會對神經系統有所影響，進而對賀爾蒙、對全身都產生影響。」

以自律神經系統來說，包含交感神經和副交感神經，正常而言，這兩者就如翹翹板，兩端保持平衡。交感神經是壓力反應系統，當人遇到威脅時，用以應戰或逃跑，威脅消除後，此系統便安靜下來，儲備能量；副交感神經是能量滋養系統，用以補充

能量。

黃阿敏舉例，比如被狗追，這時交感神經大量活化，讓人加速奔跑；一旦狀況解除，交感神經就緩和下來，改由副交感神經來運作，幫人舒緩、休息。

然而，現代人緊張繁忙，生活中和工作中彷彿時時處在「被狗追」的因應狀態，交感神經大量運作，卻一直無法讓副交感神經來休養生息。失衡的翹翹板，也往往造成失衡的身體、失衡的人生。

「身體一直沒法子靠休養生息來補充能量，能量低了，就會不開心、不快樂，甚至憤怒暴躁。」黃阿敏說，如果呼吸調配得宜，「副交感神經能發揮應有的功能，就可解決很多問題。」

不少人練習呼吸法後，常表示對自己的情緒管理很有幫助，或許便源自這樣的「體內變化」。

曹立德的妻子蔡秀麗，以前在廣告公司，現在在數位網路行業，都是快速而熱門的工作領域。她就認為，持續練呼吸功法，有助於情緒管理。「當我覺得壓力很大時，隨時找機會練；如果明天有個speech，我今天會先做呼吸法，比較不焦躁。」

各種生命故事

他們練的淨化呼吸法，是明白標舉以「呼吸」為名的課程，源自於人稱「古儒吉大師」（Sri Sri Ravi Shankar）的印度人士。他創立的「生活的藝術」基金會，已在全球推行近三十年，臺灣則自一九九三年由廖碧蘭引進。

走訪「生活的藝術」基金會，陽光灑落的教室裡，上課者涵蓋了各個年齡層、各種職業。和他（她）們談起來，會發現每個人來練呼吸的背後，都有一段生命故事，相繼折射出現代社會生活的縮影。

呼吸的微妙力量，個人各有領會，而其中也不乏歷經了「拚命」的日子，藉由呼吸找到某種救贖或安頓。

像引進此法的廖碧蘭，曾是知名外商公司的行銷經理，成功地將老產品起死回生，但自己卻未老先衰，長期失眠，累到「快死掉」。她後來辭職，飛到美國去休息，因朋友而接觸到淨化呼吸法。上課後被觸動了，又因緣際會到印度去親炙古儒吉，因而引介進臺灣，開始教人如何呼吸。

陳寬修，五十多歲的建築師，半百人生更是翻越了一大關卡。他說，自己要求完美，個性龜毛，因為建築工程絲毫不能出錯，否則將殃及別人的身家性命。他緊盯每個細節，長年下來，造成他「一直沒辦法放鬆。」大學時代就是運動健將的他，工作後也「靠運動來維持鬥志」，常爬山、游泳。

但四十三歲那年，身體開始不對勁了，幾乎「每天早上都不知道要如何把車開出去」，那種害怕、噁心的感覺，他形容說：「把我槍斃，都比要我開車好。」類似恐慌症的現象，出現在他對速度、高度的畏懼上。連爬山也怕，包括建築工地的支架都走不上去。情形持續了約五年，他甚至覺得死去也是一種解脫，但想到妻小，他知道自己不能輕生，卻又難受得生不如死。

聽了有關呼吸法的演講，他決定一試。「反正死馬當活馬醫嘛！」陳寬修說，試了之後，「感覺從一個糟老頭，變成一個嬰兒。」

之前病了五年，此後也花了近五年持續練呼吸，「死裡逃生。」他說：「還是同樣的肉體，但感覺一層一層地剝掉，把最深層的東西，情緒、壓力都清出來了。」

呼吸，儼然成為人們在生活中，尋求身心安頓的一道法門。

吐納身體的鬆與緊

不只是「清」身體，甚至也有人在呼吸吐納間，尋找關於生命的解答。曹立德在歐洲經商，過了十多年功成名就的日子，「卻發現自己並不怎麼快樂」，他覺得是「練呼吸幫助我找到我自己。」

幾年前他返臺定居，妻子蔡秀麗順利高齡生產，兩人現在有個可愛的女兒。大學時代曾學過舞蹈，對於呼吸在他生活中的轉變，他說：「以前覺得呼吸就只是呼吸，現在覺得，呼吸本身就是一種舞蹈。」「練呼吸，舞動的是我的心靈、我的內在，第一次讓我真的往裡面看。」

既練呼吸、也研究呼吸的黃阿敏，是另一個例子。「我從初中就問自己，人為什麼要活著？生命的目的是什麼？我為什麼是這樣的自己？」

她試圖從科學中搜索解答，因而研究神經科學。但進入大學任教後，「總覺得自己有教不完的課，念不完的書，做不完的研究，壓力好大。」黃阿敏談到那段時期，「好想換一個人活。」

除了升等的壓力，還發生母親突然意外過世，「我非常悲傷，持續了八個月。」那年年底，她覺得走到了生命的最低點，姑且去試試練呼吸。

她持續練習，過程中流了很多眼淚，似乎把自己徹底洗滌，將悲傷沖走。漸漸地，「覺得好輕鬆，好久沒有這樣的感覺。」而且，原本總是在半夜醒來的她，「可以有很深沉、很舒服的睡眠了。」

重要的是，生活裡依然有「教不完的課，念不完的書，做不完的研究」，但是黃阿敏說：「我已經比較不會擔憂了。」她真的像換了一個人般，以前較獨來獨往，不喜與人接觸，現在彷彿變得柔軟，樂於去親近、關心更多的人。「身心靈上，都有很大的改善和喜悅。我以為在科學中可以找到生命的答案，沒想到竟然在呼吸中找到。」

她說，人出生時，第一個動作就是吸氣，然後哇哇大哭；死亡時，最後一個動作是嘆氣，然後旁邊的人哭了。「人的生命，就在這一呼一吸之間。生命的奧妙，也在這一呼一吸之間。」

呼吸，真的大有學問。從醫學、哲學來論，從生活、生命來觀，都有生生不息的道理。

四十五歲還能在雲門舞台上「高難度」跳舞的舞者吳義芳也說，雖然三十出頭就學太極導引，「當時只是運用在舞蹈上，還沒有用在生活和生命上。」如今，呼吸訓練已成生活的一部分，也用來觀照自己的生命，「又重新打開了自己。」

練呼吸，可以專業的練，也可以輕鬆、家常的練。雲門助理藝術總監李靜君的建議是，找個舒服的角落坐下，不一定要盤腿，身體自在就可以，躺下來也無妨。閉眼，讓眼球放鬆，輕輕的吸氣，然後輕輕的吐氣，再吸，再吐。幾次之後，試著「再吸多一點點可不可以」，然後吐掉，讓自己「再吐氣多一點可不可以」，發出聲音來也行。過程中，「專心地跟你的呼吸狀態在一起。」

一呼一吸間，何嘗不是在吐納身體的鬆與緊，體會生命的起與伏。

「呼吸」大自然，避免過敏原

——專訪蕭瑞麟醫師談兒童過敏

天氣一變冷，就噴嚏連連？空氣一變糟，鼻子就癢癢不舒服？

呼吸器官是人體與外界接觸最頻繁的器官，也最容易受到外在的影響。呼吸道涵蓋了鼻腔、咽喉、喉頭、氣管、支氣管，到肺臟，儼然是一條「生命的通道」，空氣在此流通、循環，維繫著人的生命。但空氣裡，也有太多人們肉眼難以看到的東西，可能引發此處「過敏」。

「兒童的呼吸器官，是現代汙染的受害者。」全家聯合診所院長蕭瑞麟指出。蕭瑞麟專研過敏醫學，翻開「世界過敏地圖」，可以發現過敏性疾病在全球有增加趨勢，其中更不乏高度工業化的國家。

「過敏，發作在鼻子，就成過敏性鼻炎；發作在氣管，就成氣喘；發作在眼睛，就成過敏性結膜炎；發作在皮膚，就成異位性皮膚炎。」蕭瑞麟說，這些其實都互有關連。

爸爸或媽媽其中一人過敏，孩子就有五成機率過敏；若爸爸和媽媽兩個人都過敏，那孩子便有七到八成的機率過敏。

在臺灣，會引起過敏的過敏原，前三大排名依序是塵蟎、蟑螂和黴菌。尤其是塵蟎，超過九成的過敏與牠有關。這種肉眼看不到的節肢動物，生活在塵埃之中，以吃人類的皮屑維生。特別的是，活蟎並不容易導致過敏，而是牠的糞便和死後的屍體，極容易造成過敏。

為什麼在季節轉換時，氣喘等過敏容易發作？蕭瑞麟說，塵蟎喜歡生活在攝氏二十五度左右的濕暖環境中，一旦天氣變冷，塵蟎大量死亡，眾多的塵蟎屍體就增加了過敏的發生。「所以忽冷忽熱時，特別要留意。」

塵蟎會躲在許多角落，醫師建議，家裡要減少容易累積灰塵的東西，像舊書堆、舊玩具、地毯、窗簾等，或者至少要常清理、清洗。

除了擦地，牆壁、天花板也要擦，那些地方也會累積灰塵。「有人每天拖地，天花板卻十幾年不擦洗。」蕭瑞麟提醒大家，別忘了望望高處，至少一個月擦洗一次。

別讓人被「除濕」

塵蟎、黴菌都喜歡濕熱的環境，所以不少人使用除濕機。蕭瑞麟說，除濕機確實可以讓塵蟎等不易存活，但要注意的是，最好不要在「有人」的空間裡使用，尤其是睡覺的時候。因為人體內百分之七十是水分，也就是說，人會是屋內最「濕」的地方，成為除濕機的「首要目標」。人一旦被「除濕」，氣管內的水分流失，同樣可能引發氣喘。

關於電器的運用，冷氣機也一樣，它會營造一個既乾且冷的環境，所以在冷氣房裡，要記得補充水分，最好不要整夜吹冷氣，房裡可放盆水或掛條濕毛巾。

還有，冷氣機不只要清潔濾網，也要定期清洗內部。蕭瑞麟發現，一年中的第一個熱天，氣喘發作的情形也會特別多，往往是因為家中塵封一個冬天的冷氣機，此時驟然開啟，裡頭早已積滿的灰塵便冒出來飄散作怪了。

此外，目前市面上也有各種防蟎寢具，或標榜防蟎功效的物品等。蕭瑞麟說：「這有效，但效果也有限，可能只減輕百分之十。」

畢竟，我們生活的大環境依然。「臺灣的住宅相當密集，尤其是都會區。你可能將自己家弄得很乾淨，但你無法阻止別家的空氣飄過來。」再擴大來看，人與人之間是

「息息相關」的，生活中也不可能達到全然「無塵」的狀態。

「空氣中充滿的粒子，多得超乎我們想像。」蕭瑞麟說：「吸一口空氣，裡面會有十幾萬個我們看不到的粒子。」這些粒子可輕易地進入氣管中，人無法完全防堵，只能學習與之和平共存。

「我們說『視而不見』，其實也該試試『吸而不見』。」蕭瑞麟笑說：「所謂過敏，就是對本來不應該敏感的東西，過度敏感。」

多親近大自然

除了消除或防堵特定的過敏原，採取對症下藥的醫療，人們也可試著思索自己的生活方式。

蕭瑞麟說，過敏體質、過敏病例的增加，基本上和生活、飲食型態的變化都有關係。不斷的工業化，常吃加工、再製食品，都可能是重要成因。

以臺灣來說，過敏病例也有「城鄉差距」，城市的孩子過敏較多，鄉下的孩子比較不會過敏。醫學界有一派論點認為，人應該「回歸自然」，包括多吃天然的、少加工的食物，多去親近大自然。

「人在發育期間，多接觸大自然，確實比較好。」從小多「親身」處在大自然裡，赤足去踩一踩泥土，走一走田地，聞一聞青草的氣息。長大了，即使是成人，也多找機會去戶外走一走吧，森林裡的芬多精，山海間清新的陰離子，對身體都有好處。

「呼吸」大自然，還有，努力讓地球不「過敏」，讓天地間多些好空氣，或許也是為自己、為孩子減少過敏，暢通生命通道的重要法門。

呼吸，雲門舞者的每日功課

雲門舞集多齣知名舞作精華，曾在二〇〇六年底重現舞台。「這次回去跳，我本來還擔心三個人都過四十歲了，但沒多久感覺就上手了。」如騰雲駕霧，全程足不落地的「雲中君」，擔綱此角的吳義芳笑說。

「三個人」指的是他，和舉著他起舞的兩名「座騎」宋超群、汪志浩。整段舞中，他的舞蹈都是踩踏在他們肩上完成。彼此看不到對方，而他不會「踩空」，他們不會「漏接」，靠的全是感受彼此的呼吸吐納。

呼吸讓人舉重若輕

第一次跳「雲中君」，是一九九三年雲門二十週年，那時他們都還是年輕小伙子。如今再舞，吳義芳說：「我覺得我現在的狀況比以前都要好。」他的自信，源自於多年來對「呼吸」不斷地探索與練習。

伙伴們也察覺到了，練習時老對他說：「你把重量給我好不好，我才能感覺到你在哪裡。」他的「重量」居然變輕了，腳下的人還要他多放點重量出來。如此「舉重若輕」，靠的正是呼吸的控制。

「我以前跳時，氣在丹田（下腹部），有時壓得下面的人臉都扭曲了。現在我的氣可以提高到橫隔膜（胸部），腳下的人承擔的重量就不一樣了。」同樣是雲中君，吳義芳彷彿更能輕身縱雲。

運用「呼吸」所產生的微妙力量，「白蛇」也有經驗。

和吳義芳同輩的周章佞，在同場雲門精華演出中，擔綱的是《白蛇傳》。「很久沒跳這支舞了，而且又是這把年紀，再跳這麼大動作的舞……」周章佞坦白地笑指自己，「這次不會擔心表達的部分，反而比較擔心『跳不跳得完』。」

重新演繹情感濃烈，扭動、躍動不斷的白娘子，周章佞特別注意呼吸的調配。當連番大動作後，稍有停頓的空檔時，她不著痕跡地「盡量在呼吸，把氧氣吸進來，動作才能繼續下去。」

舞者肢體四方揮舞，每一吋肌肉都需要氧氣，倘若使不上力，正是肌肉缺氧。這時深吸一口氣，把氧氣送到四肢深處，就可順利地繼續「手舞足蹈」。「有時太專注於當下的表達，忘了呼吸，也可能跳不好喔！」周章佞透露了舞者拿捏分寸的小祕密。動得濃烈的舞，緩得悠然的舞，「呼吸」都在其中舉足輕重。

《水月》，是雲門舞集一場經典之舞，在國內外贏得無數讚譽，隨著巴哈無伴奏大提琴組曲的樂聲，舞者們行雲流水般，幻化出絕美的身體與心靈語彙。

周章佞在《水月》開場的獨舞，尤其虜獲人心。「音樂也是有呼吸的，我用我的身體，和它呼應、唱和。」周章佞描述著：「有時我和它一起呼吸，有時和它做對照，它快、我慢，它強、我弱。」

舞作在吐納間悠揚跌宕。「在呼吸間，我用意念想像自己身體是透明、無色的，彷彿也造就了某種質感的出現。」

觀照內在的流動

似乎有些抽象，但「呼吸」確實已是長年來雲門舞者日日的功課。呼吸的「導入」，也造就了雲門的作品，進入新的質感、新的境界。

要追溯源頭，應該是一九九四年左右，林懷民開始要舞者們打坐。在原有的芭蕾舞、現代舞技巧、京劇武功等日常課程外，增加了盤腿而坐，往內在調息對話的訓練。從外在的跳動，回歸到觀照體內氣息的流轉，再形諸於外。「讓呼吸帶著你，看看可以有些什麼動作發展出來。」李靜君回憶起濫觴。

那段時日，舞者們漸有領會，「在心靈和肢體上都有很大的開發。」再加上林懷民赴印度菩提迦耶（Bodhgaya），在菩提樹下靜坐的「喜樂、寧靜」經驗，那一年底，雲門發展出舞作《流浪者之歌》。

這支舞以三噸半稻穀做為流動布景，既蜿蜒成美麗稻河，又傾瀉成壯闊米瀑。舞者們以沉緩低迴的行步、姿態，貫穿全舞，是雲門歷年來「最安靜的舞」，

也以極富哲思的舞蹈美學，令國際間無數觀眾傾倒。

不過嚴格說來，那個階段雲門舞者們的呼吸訓練，還沒有明確章法。直到林懷民請來熊衛教太極導引，「我們對『呼吸』開始有了方法。」李靜君點出。

雲門人口中的「熊衛老師」，清癯勁然，雖非舞界中人，卻自此對雲門、對現代舞美學影響深遠。他少時體弱，早年從軍自大陸來臺後，又重病難癒，因而潛心鑽研太極拳，繼而研讀拳經、中醫和道家經典等，並先後師事多位太極拳名師門下。內外兼修三十年後，融會整理、編創出「太極導引」十二式，開創了養生也養心的運動之道。

能呼吸才能極靈活

太極導引中的呼吸法，是「逆式呼吸」。熊衛在其著作《太極心法》中，引拳經的文句說：「極柔軟才能極剛堅，能呼吸才能極靈活。」

他解釋，這裡所說的呼吸，非指大家每天時時在做的、透過喉嚨和呼吸道的一般呼吸，而是指「呼吸以踵」般的深度、逆式呼吸，這是需要長時間練習的。

熊衛說，一般的呼吸是將吸入的氣充塞於胸部，呼出的只是二氧化碳，無法將體內其他廢氣排出，久而久之經絡不通，氣血就像河流逐漸淤塞。深度的逆式呼吸，則可通達內部臟腑，擴散到四肢，使全身無處不流通。

走訪熊衛在新店的住家，他指著牆上一幅「內經圖」，引述古人的智慧結晶說：「栽培全賴中宮土，灌溉須憑上谷泉。」意思是，深度呼吸所產生的能量氤氳，往上行到頭頂，由上再流下來，才能灌溉體內百川。

雲門舞者藉由太極導引所練習的「逆式呼吸」，簡單來說，做時雙手舉高，將會陰（肛門與生殖器之間）和百會（頭頂）相對成一直線，接著吸氣，提會陰（或說提肛），藉由意念，讓氣沿著脊椎，從腰、胸、頸、頭，到頂，如登梯般一層層上去。吐氣時，再一層層降下來，回到原點。

「吸氣時，如鳥要飛騰起來的感覺；吐氣時，如落葉緩緩飄下。」李靜君演練著。原是養生、練身的功法，在舞蹈的疆域裡，演化出饒富意涵的美感與美學。

太極導引還講「鬆柔」，由呼吸帶動意念，進入到身體各深層處，鬆開各環節。「鬆了，因此無限寬廣。」並發展出「旋轉」，或稱「纏絲」的概念與動作。

熊衛認為，人體是個小宇宙，藉由呼吸，和天地這個大宇宙有所呼應和溝通。人和天地都要旋轉，才能運轉不息。「地球若不旋轉，會墜下去；人不旋轉，枯萎得快。」

因而發展出旋腕轉臂、旋腰轉脊、旋踝轉胯等螺旋形動作，呼吸在其間遊走。

以練功而言，身體練出了彈性與韌性，氣血通達五臟六腑；以舞蹈而言，肢體練出了遊刃有餘、既柔且韌的千姿百態。

一九九八年，雲門舞出了《水月》。舞台上，正是一幅如卷軸舒展、綿延不絕、氣韻跌宕的自然風景，舞者個個剔透澄明，旋流優美。

造就新藝術美學

《水月》這支舞，被視為林懷民在九〇年代的巔峰之作，更被譽為「二十世紀當代舞蹈的里程碑」，各國藝術節爭相邀演。二〇〇三年，美國《紐約時報》選為該年度最佳舞作第一名。

一切源自於呼吸。「對我們的身、心、哲學，乃至表演的境界、舞團的發展，都影響了。」李靜君說。

「學會了呼吸，我重新檢視以前學過的舞蹈技巧，像芭蕾舞、現代舞等。」周章佞說，她發現自己以往是從外在的形象，去學習、練習舞蹈，而呼吸訓練，讓她從內在開始檢視，在一次又一次的吸氣、吐氣中，深入自己的身體和心靈。於是，「動作開始有了生命，因為它有了『呼吸』。」她微笑如花綻放。

周章佞在《水月》的獨舞，國際舞評讚譽為：「爐火純青地演繹體現了身、氣、靈的結合。」「全身上下都表達出豐富的情感，她禪定般的表演方式完全專注於當下。」繼《水月》之後，周章佞在《行草》的獨舞，也被美國舞評家形容為「讓人神魂顛倒」。

林懷民編創的《行草》，脫胎自書法，卻又跳脫了書法。編舞期間，請書法老師來教舞者們。周章佞記得，運筆揮毫時，老師也不斷提醒「要呼吸、要呼吸」，那一按一提、一筆一畫，不只是手腕、手臂的動作，更是全身的氣息吐納。

《行草》裡，周章佞一氣呵成的舞出了「永」字八法，令人驚嘆。她說：「我是用呼吸在舞這個字。」哪邊要重、哪邊要輕，哪邊要短呼吸、哪邊要長呼吸，舞台上，「永」字瞬間成形。

「你的呼吸有多強，你的動作就有多強。」周章佞說。

「你呼吸的能量有多少，決定了你的動能有多少。」李靜君也說。

「如果沒有好好呼吸，在舞台上就沒有控制權。」吳義芳這般說：「呼吸，也是控制身體的那把鑰匙，能量由它啟動。」

呼吸，為雲門舞者開拓了身與心，也為雲門舞集開展了新的藝術美學。從《流浪者之歌》、《水月》，以至《行草》、《行草貳》、《狂草》等，此後皆有其脈息流長。

呼吸的穿透，呼吸的美妙，除了綻開在舞台上，也氤氳在生活中，持續影響著雲門許多人。

舞者生活中的呼吸

學了呼吸，雲門舞者如何落實在生活中？除了專業的精進，呼吸還有哪些幫助呢？

「運用跳舞更自如，身體更圓滿，更誠實地面對自己，更清晰地看到自己的雜念、情緒，人會變得比較坦然。」李靜君一口氣道來。

「拓展你的能耐，看你能吸得多飽滿，吐得多深長。告訴自己，來，再吸一點，或者，再吐一點。」她邊說邊做，然後雙手一攤說：「知道原來自己可以這麼沉得住氣，或者，這麼沉不住氣。」

曾經跳過《流浪者之歌》、《水月》的舞者張玉環，做了母親後，轉任雲門舞集舞蹈教室教師，現在把呼吸運用在工作中。「沒有關係，吸口氣，吐掉，再調整看看。」在工作繁忙時，她如此轉化。

在授課的課堂上，呼吸是用來幫助上課的學員們「起與收」、「開與闔」，藉由呼吸的調整來暖身，進入課程情境中。結束時，再用呼吸來緩和躍動後的身體。

「現在的孩子，大多長期面對電腦，身體常是僵硬的。運用呼吸，可以在體能和體態上，幫助他們的延展性和柔軟度。」張玉環說。

黃旭徽，曾是《九歌》中威武的「東君」，不做專職舞者後，多次到印度研習各種瑜伽呼吸法，現在是眾人口中的「呼吸大師」，常為大家上課。想起自己以前跳「東君」時曾力竭到抽筋，如今他知道：「只努力要把動作做到最好，卻沒有好好呼吸，身體就會出狀況。」

「以前只是在使用自己的身體，經由呼吸，可以傾聽自己的身體，感受自己的身體。」黃旭徽說：「在生活中，在波浪中，永遠有一個安定的力量。」

—自在動身體—

練習呼吸，可以這樣做

為呼吸運動暖身，讓身心漸漸熱起來。坐在椅子上的你，現在就可以開始哦！

首先，脊椎輕輕離開椅背，盡量垂直地面。雙手撐住椅面。雙腳平行打開，略大於肩寬。

接著深深吸氣，利用手部推椅子的力量，將胸口完全打開，飽滿的胸腔可以幫助肺部做最大的伸展。

再來緩緩吐氣，並拉直延長脊椎向前，背部盡量平行地板，把氣澈底吐乾淨。重複六到八次。

示範：高沛齡、周昀潔

吸氣時，右臂慢慢拉高，到頭頂上方。吐氣時，向左側彎，停留在原處，盡量放鬆肩膀，保持深呼吸三至五回。重複以上二至三次，再換邊練習。

與孩子一起做

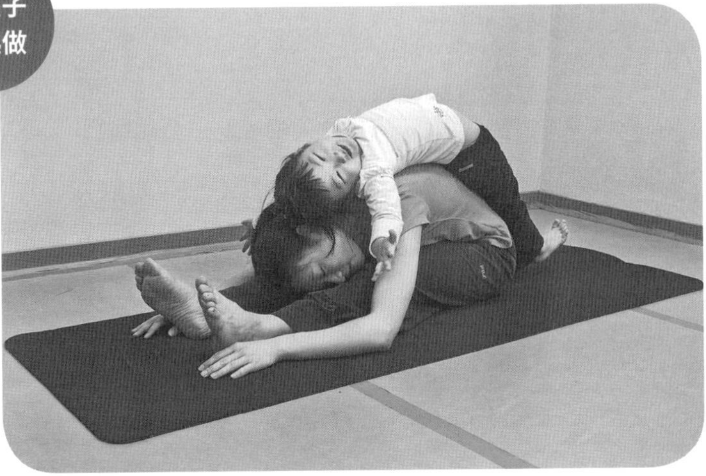

大人可以躺在地上，或採取跪姿，讓孩子躺在大人身上，或趴在背上。利用孩子的重量，澈底吐息。

你也可以配合側面延展的動作，或以蹲下、跪坐等姿勢，在肌肉拉撐的張力下，繼續深呼吸練習。更有趣的是，孩子也能成為大人的支撐。運用孩子的重量，增加呼吸的吞吐量。感覺彼此呼吸的頻率，找到同步的呼吸運行。

雲門教室身體小宇宙

感到要被焦慮與煩躁淹沒的時候，悠長的呼吸，可以使雜質一一沉澱。掃描QR-code，跟隨雲門教室老師的聲音，想一想，哪些地方花了太多不必要的情緒與力氣？

大人的律動新生活

按下虛擬的「暫停鍵」，配合呼吸，延展全身肌肉。掃描 QR-code 觀看影片，在一呼一吸，一開一闔之間，向親愛的自己噓寒問暖：「今天一切都好嗎？」

第3課

重心

「端正自己」的能力

重心，摸不著，碰不到，卻結結實實牽引著每一個人，
牽引著人的身體、生活，牽引著不同世界的文化、風格。
重心，是人的重量和地心引力之間不斷的糾纏和奮戰；
重心，也是人立足大地的支點，支撐著人的奮起與前行。
試著覺察自己的重心，感受自己的重心，
因為，這關係著整個身體的開闔想像，也關係著人生的平衡與穩定。

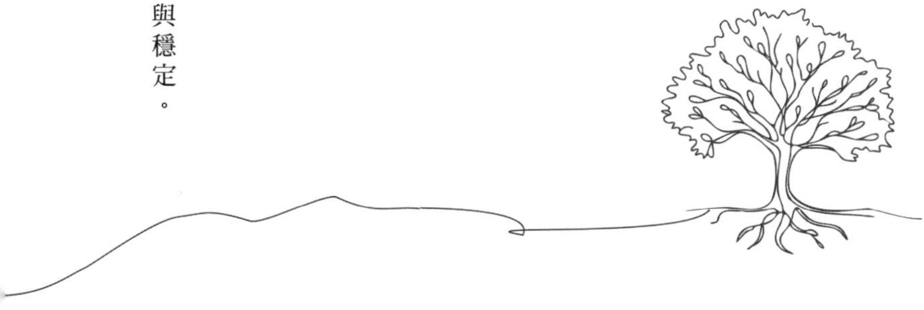

旋轉與重心

—身體的記憶—

蔣勳

去土耳其康雅（Konya），是因為讀了魯米（Jalal al-Din Rumi）的詩。

魯米是十三世紀的伊斯蘭詩人，據說他的故鄉原來是阿富汗高原，因為蒙古西征，他隨戰爭難民流亡，經過印度、中亞、西亞，到了今天土耳其的康雅定居下來。

魯米流亡之處是許多古老文明的發源地，他聽到許多不同的語言，語言無法溝通，必須比手畫腳。他也經歷了許多不同的宗教信仰，印度教、佛教、猶太教、基督教、伊斯蘭教，每個宗教又常分成不同派系，彼此排斥、攻擊，甚至發生殘酷的戰爭屠殺。

看到許多人類彼此因為隔離產生的爭執，詩人魯米寫下許多憂傷又美麗的詩。

魯米的晚年喜歡聽金屬工匠鉆槌的聲音，製作農具的鐵器撞擊的聲音，捶楪鍋盤銅片的聲音，或者是金銀器製作細緻花紋的敲擊聲。魯米在工匠工作的節奏裡，聽到一種心靈專注的安定。

魯米結識了工匠朋友，當他們敲擊時，魯米便隨著那穩定的節奏旋轉舞動起來。他創造了一種只有旋轉的舞蹈。身體像一只陀螺，只要找到重心，就可以旋轉起來。

童年時喜歡玩陀螺，陀螺下端有一個鐵製的重心，重心把穩，線繩一抽動，陀螺就快速旋轉，轉動的時間也比較久。

西方的芭蕾舞也發展出陀螺式的旋轉技法，《天鵝湖》裡的黑天鵝伸平雙手，單足腳尖站立，另一隻腳甩開，帶動身體以腳尖為重心旋轉，也很像陀螺。連續快速度的旋轉像高難度特技，使觀眾歡呼鼓掌叫好。

但是，我在康雅看的旋轉舞不准鼓掌，寺廟的長老解釋說：「我們不是表演，我們在做功課，身體的功課。」

魯米相信，精神持續的專注可以使身體端正，把握住重心，身體就有無限能量動力，可以不斷旋轉，可以與神溝通。魯米創造了一種修行，沒有神像，沒有經文，沒有議論，甚至沒有繁複的儀式，只有身體單純的旋轉。

我在一個夜晚被邀請到寺廟一間空的房間，數十位十來歲的少年排列成行，他們陸續旋轉起來，白色的袍子張開，像一朵白色的花。兩位長鬍鬚長老在旁邊逡巡，他們不說話，只是細心觀看。看到一名少年身體傾斜了，長老才緩步趨前，靠近少年，附在耳邊說兩句話，少年便又恢復了端正，繼續如花一般旋轉。長達三、四小時的旋轉，彷彿一種身體的冥想。

告別時我問長老：「你在他們耳邊說了什麼？」

「重心！」長老說：「有了重心，身體和心靈都可以修正。」

重心，蘊含身體的奧妙

為人父母的，都有這樣的經驗吧：看著孩子學翻身，看著孩子昂起小脖子，看著孩子會爬、會蹲、會站了，接下來，看著他搖搖擺擺地學走路。哎呀，跌倒了！沒關係，小寶貝屁股一頂，雙手一撐，又顫巍巍地站起來，邁步走。

真的要給小寶貝拍拍手，要知道，他可是很努力的在和地心引力奮戰，很賣力的在尋求平衡，很認真的在探索自己的重心。

重心不穩，就會跌倒；找不到重心，他就無從前進。

長大上學了，依然。不管他是背著鼓鼓的大書包，還是拉著像登機箱（好像要去旅行喔）一樣的附輪書包，裡面承載了他這階段的人生食糧（課本、便當、水壺等），他要抗衡的地心拉力更多了，他必須更能掌握自己的重心，不論是身體還是學業，才能不偏不倚地往前行。

大人何嘗不是如此。沒錯，人這一生，就是不斷的在處理「重心」：身體的重心、生活的重心，乃至領略生命的輕重。

每個舉動都和重心有關

「當人類某一代的老祖宗決定站起來，不當猴子了，而從四隻腳變成兩隻腳站立時，就必須接受平衡的挑戰。」二〇〇六年臺北文化獎得主、既教武術也著書談武的雲門舞集舞蹈教室武術總監徐紀，開宗明義說：「要平衡，一定要有個重心。」

每個舉動，每個姿態，做每件事，都和重心有關。

走路，就是雙腳不停地交換重心。「人每一步踩下去，幾乎都是一倍的體重在腳上。」鑽研人體工學的醫師白淳升說：「沒想到這一步有這麼重吧！」

重心，是身體承擔重量的主要支撐點，隨著身體的移動，重心位置也會隨機變化。「行進間，永遠是從『出平衡』到『歸平衡』的過程。」徐紀說，這形同人不斷地對平衡從破壞到重建，再從重建到破壞，循環不已。

試著顛覆一下原有的重心看看。看過羅曼菲跳的「輓歌」嗎？林懷民編創的這支舞，主題就是：天旋地轉。一九八九年他找羅曼菲跳時，就說：「我們來看能轉多久？」最初的版本，是旋轉兩分多鐘，後來增到九分鐘。一人獨轉，裙襬在旋舞中如狂捲的浪花翻飛，身形在其中忽沉忽揚，羅曼菲舞來，人人讚嘆。

不斷旋轉中，如何保持不暈？如何讓自己不倒，還能在該定住腳步的時候倏然立定，挺直身來，漂亮地面對台下觀眾的掌聲？

如今羅曼菲已逝世，記得當年問過她有關天旋地轉的問題，她這麼回答：「跟隨那暈眩的感覺，不要去抗拒那東西，不要想去控制它，反而能走得長久。」

不直接對抗，卻自然順著這旋轉之勢，反而能順利進展、引導，甚至駕馭這原本足以令人踉蹌的情勢。這點竟和古人的智慧頗為呼應。

像武術，練身體也練心性，其中一以貫之的，就是練重心、練沉穩。聽過「馬步站穩」、「氣沉丹田」吧，裡面可是大有玄機。

運用意念，重心可落地生根

「東方人把重心放在丹田，位置在腹腔，形成上面較窄、下面較寬的身體線條。」

徐紀用筆畫出一個如金字塔般的三角形。

接著，他再畫出一個倒三角形，「這是西方人的線條，把重心放在膻中，位置在胸腔，形成肩膀寬、臀部窄，像健美先生這樣的體形。」

一較低、一較高的重心，各有高下。基本上，重心愈低，愈平穩；重心較高者，較「出眾」，也等於更加需要「對抗」地心引力。

「東方人講『順其自然』，不去對抗，而是運用。」徐紀在金字塔般的三角形下方，用虛線畫出一個如倒影般的倒三角形，他以「臨池倒影」、「入地三尺」來形容：當人運用意念，將身體的重心如扎根般往地裡延伸，重心便如同「落地生根」，人也就沉穩無比，八方推不動了。

說起來很玄，但試一試就知道。這天，國父紀念館草地上，臨著翠湖的綠蔭間，徐紀教導著四面八方而來的學生。

沒習過武術之人，在「交手」間很容易就被徐紀推離了腳步，但接著，徐紀告訴對方：「望著那棵大樹，想像自己身體的重心像那樹根一樣延伸到地底，盤根錯節到深處。」試著照做，果然當徐紀雙手施力而來，對方不但能穩穩的不退，還能「擋回」徐紀的力道。

嘗到重心「扎根」的滋味了。但人生中的腳步，未必都能有師父點撥，總要一次次自己琢磨領會。

草地的另一端，一名女子一遍又一遍地下蹲、挺身，提膝、伸手，演練著類似金雞獨立的招式。「招式已經會了，為什麼還要不斷地練？練的就是在呼吸吐納間，揣摩和磨練自己的重心。」徐紀說。

人生何嘗不是如此？找到重心，立足重心，才能站得穩，撐得住，走得長久吧！

把自己交付給大地的感覺

重心隨著移動，隨時在變，要如何意識到重心、掌握住重心？舞者的身體應該對重心最敏感，聽聽他（她）們的經驗。

董述帆是位資深舞者，也在中學舞蹈班授課。二〇〇六年她為雲門的秋季公演《輓歌》排練時，「第一天就在地上打了個滾才站起來，」她笑說：「重心一下子放太多，收不回來。」

隨即調整，旋轉起舞間，她「微妙地察覺自己的身體和周遭環境的變化，自己不斷把重心放出去，再抓回來。」外人看到的天旋地轉，對她來說，則是「清楚自己的位置，知道動的起始點。」

基本上，她的上半身是脫離重心，揮灑出去的狀態，但下半身是穩的，又迅速不停地在雙腳交換著重心。「我把整個力量釋放進地板裡，」她形容：「每一步都像踩在泥土裡，有種把自己交付給大地的感覺。」因為很穩，舞到後來，甚至是一種舒暢與愉悅。

平常教舞時，她也很想傳達給學生，那種「穩住重心、掌握重心」的感覺，卻發現孩子們往往太急躁了。「孩子們想要把舞跳好，想要跳得更高，是一定的。但在跳舞時常常只注意到動作和高度，卻忘了要扎根才能向上，要大步往前躍之前，必須先找到自己的重心。」

處理身體裡的重心困擾

也曾有人在重心之間困惑、掙扎，而突破。

阿喀郎汗（Akram Khan）是國際間當紅的新生代編舞家，孟加拉裔，在倫敦出生，是跳北印度傳統舞蹈卡達克（Kathak）的翹楚，也受過豐富的西方舞蹈訓練。

應林懷民之邀，他為雲門二〇〇七年春季公演編創《迷失之影》。停留臺北期間，與林懷民在臺灣大學的對談中，他提到：「卡達克的重心向下，芭蕾舞的訓練則是往天上去，結果造成我的身體產生困擾。」

跳芭蕾時，芭蕾老師總提醒他「腳尖！」他明明覺得自己已經伸直了腳尖，但「就是直不了」；跳卡達克時，卡達克老師說他的身體不純粹，好像加了些別的東西在卡達克裡；跳現代舞時，現代舞老師也同樣質疑他。

「我探索這個挫折，發現我的身體自己在做決定，根據它被餵養的東西創造了自己的一套邏輯。」阿喀郎說：「我發現動作的新方式，於是我開始編舞。」東西方不同重心的「交錯」，造就了當代一位耀眼編舞家的崛起。

一般人或許沒有舞者那般敏銳，但也可以藉著「玩」重心，對身體多一些覺察，對大自然多一些感受力，對生活別有一番體會和「創新」。

看過機器人吧，這是最典型、沒搞好重心便動彈不得的「族群」（電腦動畫的除外，滾輪移動的也除外）。日本有公司發明了二足機器人，要像人一樣用兩隻腳走路，就得解決機器人的重心問題。機器人站立時，重量要平均落於兩隻腳，重心要落在兩腳之間的支承點；機器人移動時，必須完成「重心轉換」，也就是先把重心移到支撐腳上，才能穩步前行，不會跌倒。

想一想，我們生命的支點在哪裡？日子流轉，有沒有需要「重心轉換」的時刻？

滑雪，脫離對重心的慣性

有沒有嘗試過，「脫離」一下對重心的慣性？滑雪應該是不錯的例子。一位參加過多次滑雪團的女生說：「人在日常習慣的姿勢與動作中，並不容易感覺到重心的存在。但是當踏著滑雪板在斜坡上，人的重心卻能影響行進的方向和速度。」

滑雪教練李永德也說：「重心，是影響滑雪的要素，它會瞬間改變你整個動作。」

滑雪，得站在斜坡上才能滑，人一旦面臨「傾斜」的環境，自然會覺得不安全、緊張，本能地會往後退。可是人此時固定在滑雪板上，一旦身體後傾，重心在後，滑雪板反而會加速。「必須勇敢的往前傾，重心在前，才能控制住速度。」滑雪已超過二十年的李永德說。

這倒呼應了董述帆那不斷旋轉舞蹈的體驗，「在『不安全』的情況下，去掌握下一步要走的，這是『很好玩』的。」她悄聲說。

若不想大膽「挑戰」重心，沒關係，不妨試著從生活中領略重心的調節、重心的「美」，像是書法，像是茶道。

「寫字，不是一筆一畫去寫而已，重要的是整個字的流暢，是一個開始到結束。」雲門舞集書法指導老師、曾任文化大學史學系副教授的黃緯中說，在揮毫時，身體隨著筆流轉，「等於隨時在變換重心，也隨時在掌握重心。」

這天，他在自己的工作室裡，翻著帖，提著筆，信手拈來。「這個字這邊要轉彎，轉彎前，要先懂得放鬆，再做轉。」他說：「沒有掌握好輕重，字就不容易好看。」

是了，就是要在重心的轉圜之間，學習到：拿捏輕重。

直抒身與心的輕重

茶道，也是直抒身與心的輕重。體會在傾茶遞水間，在奉茶聞香間，身體的沉與穩，心緒的靜與敬。

研習茶文化多年的負責人林珊旭，曾在天母開起茶館「九日Tea Studio」。有天，她在臨池的木質小陽台上，和朋友示範茶道。

她們跪坐榻席，腰脊挺直，執茶盅為榻前的盞盞杯子倒茶時，總是不慌不忙，重心不偏不倚。倒完右邊的杯子，她不會側身逕去為左邊的杯子倒茶，而是將茶盅回到身前靠近丹田處，雙手環握，輕輕轉個方向，改由左手拿著，為左邊的杯子倒茶。

重心，彷彿是一切起承轉合的中心點，讓身子和心意不歪不斜。「我覺得，這是對人的尊重，也是對自己的提醒。」林珊旭說。

茶道的端坐之姿，很多人以為源自於日本，其實日本是受到中國唐代的影響。再往前追溯，中華民族很早、很長的一段時期，即是「放低重心」的生活型態。所謂「席地而坐」，這「席地」二字可不像今天通常指的「隨意坐在地上」，而是指「在地上設坐」，是很隆重、嚴肅的事情。

根據出土文物，勾勒出戰國以至漢代的「家居生活」，家具多是「短腿」的几，少婦還有繫在腰上、垂掩到膝腿、很漂亮的「蔽膝」，這都是因跪坐生活而出現的。

「不難看出，古人從宗法禮儀、生活空間、器物，到時款衣著，都是環繞著席地而坐的生活所發展出來的。」研究藝術、設計文化的香港作家趙廣超，在著作《一章木椅》中說，長腿的「高足坐具」大約在東漢時期才傳入中國，經過頗長一段時間後才普及，直到宋元明清以至今天，這較近的一千年，中國人才普遍坐上高椅子，進入「垂足而坐」的生活。

重心形塑不同的身體

長久的「放低重心」，自然落實在身體中。提倡「身體感」的日本作家栗山茂久，在著作《身體的語言：從中西文化看身體之謎》中，就用一中一西兩幅人體圖，對比東方和西方的身體。

這兩幅都是側面圖。一幅是中國古代《十四經發揮》中的針灸人像，明顯呈現重心往下，氣沉丹田，穩穩立足大地的站姿；一幅是古希臘《人體結構七卷》中的肌肉猛男，手與頭都呈上揚之姿，雙腿行進，重心明顯往上提。

沒有好壞之分，只是巧妙地讓人覷出重心，對身體、對民族有著巨大且深遠的影響。就像建築學者、世界宗教博物館榮譽館長漢寶德所說：「每個文化，都有與地心引力抗爭的精神。」只是西方的建築較以神為主，東方的建築較以人為主，一方往天望，一方與周遭的大地親近。

做為如今的現代人，身體可能也像阿喀郎一樣，不那麼純屬於東方或西方吧！重心的下沉與上升，都在生活中起伏著，在生命中領略著。重要的是，要學著感受自己的身體，體察自己的重心，發現其中的美好與節奏。

身體診療室

腰痠背痛？根源就在重心

——專訪人體工學醫師白淳升

現代人的生活型態，正悄悄改變每個人的重心。

在外，多數人行色匆匆，急著往前走，女人足蹬高跟鞋，學童揹個大書包，幾乎都是「前傾」的；在內，長期盯著螢幕，不管是工作還是娛樂，以頭為主的上半身也愈來愈向前方「靠攏」。

除了前傾，身體某個部位會不斷地使力或受力，隨著電腦普遍，「重覆使力症候群自九〇年代以來，已經愈來愈多。」聯安診所骨骼肌肉健診顧問白淳升說。

普遍前傾的身體

如此重心向前的身體，會加重頸部和下背部的負擔，造成緊繃和疲勞。舉數字來說明，當人維持垂直的重心線，也就是正常坐著時，下半身承受的是一倍的體重；而當身體往前傾，隨著前傾的幅度，下半身承受的重量「將變成體重的一・五倍，乃至二・五倍。」長期下來，身體自然會發出「好不舒服」的警訊，這裡痠、那裡麻的。

重心對身體有多重要？白淳升拿出一枝筆，平放著，再以手指居中做支點，擺出個翹翹板的樣子來說明：「施重量給這一端時，它下去了，另一端就翹起來。不是也要對其增加重量，才能保持平衡嗎？」

「重心的改變，會影響到身體肌肉的用力方式。」白淳升說，身體重心改變，使得骨骼肌肉受力也改變，造成肌肉不正常負擔或收縮，久而久之，肩頸痠痛等文明病就多了。

但人們多半沒察覺到根源，通常只做症狀性的治療，如熱敷、按摩，或服藥物。「這些可以放鬆你的肌肉，舒解你的症狀，但不能改變你的重心、你的平衡。」白淳升點出，根源就在每個人的生活型態。

取得美國哈佛麻省總醫院物理治療博士，專攻人體工學、生物力學等領域的白淳升，對於來求診的男女老少，通常都需了解對方的生活型態，才好找到根治之道。舉例來說，兩位女士都有網球肘，「一位是打電腦造成的，一位是打球方式不對造成的，症狀雖然一樣，但『根源』不同，治療的方法也就有所不同。」

生活需有所平衡

重要的是，「一定要讓你的生活型態保持平衡。」他指出，高爾夫名將老虎伍茲（Eldrick Tiger Woods）就很懂得平衡之道，比賽時是右手揮桿，平常練習時則常以左手揮桿，「就是不要讓自己過度施力於一側，不要讓自己失去平衡。」

我們也可學著思考，自己平日的重心是否只集中在某一點？只偏重在某一側？別忘了也動動身體的另一側。「譬如，習慣用右手梳頭，也可以換用左手來梳梳看。」白淳升建議，目的是讓身體的重心不致長期偏移。

回到總是把人「引向前」的電腦來說，現代人已不可免於經常面對它，重要的是，要對自己重心的改變有所自覺。除了可在腰椎處放一張靠墊，讓重心往後調整外，也要設法在生活中找到自己調節重心、不致一味前傾的方法。

至於很多女生愛穿的高跟鞋，白淳升說，高跟鞋本就不符合人體工學，但它已成時尚，只能建議買鞋時多注意細節，盡量繫重心於不墜。

高跟鞋會使得人的著力點在前腳掌，所以鞋子的前半端要愈平坦愈好；鞋子後跟的前方線，最好和腳踝的前線一致（站立時，身體的重心線會經過人的腳踝前線），才會比較穩。

孩子的雙腳

白淳升也鑽研足部醫學，在腳與身體重心的關連方面，他提到關於兒童身體發展的一個有趣現象：扁平足。

他說，家長常發現孩子的姿勢不好、駝背、脊椎側彎等等，除了打電腦過度這些生活型態因素之外，身體結構也有關係。「孩子若有扁平足，站立時重心會往內傾斜，同樣容易造成身體長期前傾。」

值得注意的是，每個人出生時，幾乎都有雙會貼地的「肉腳」，而隨著長大，做踏地、奔跑等運動之後，也在「成長」的雙腳，底部會漸漸拱起，出現略帶弧形的足弓，成為愈來愈適合人們活動和頂天立地的雙足。

「但現在的小朋友，腳太缺乏『刺激』了。」就像是無法「進化」，雙腳仍停留在出生後的扁平狀態。「所以孩子很需要動，要給予肌肉足夠的刺激。」

他也不諱言，鄉下孩子比起都市裡的孩子，就較少這些問題。顯然常在大自然間奔跑，甚至赤足走在田埂上的生活，是有助於孩子的一雙腳「成長」的，這對身體的成長也都有影響。

重心，牽引著不同的文化風景

當芭蕾伶娜輕輕踮起她的腳尖，那纖長輕盈的線條，凝煉了當時整個社會對於美、對於文化的「重心」。

當瑪莎．葛蘭姆（Martha Graham）傾身向大地，藉由身體脊椎與地面的互動，延展出動人心魄的肢體語彙，也將舞蹈的發展帶入現代舞新的「重心」。

當林懷民帶著雲門第一代舞者，在溪畔搬大石，聆水聲，創作出史詩舞作《薪傳》，展現的正是迥異於西方、立足於東方土地、腳踏實地、自尊自信的「重心」。

不一樣的「世界」，有著不一樣的「重心」。

重心，摸不著，碰不到，卻結結實實牽引著不同的時代面貌，不同的美學風格。在舞蹈的領域裡，很明顯地可以窺出脈絡。

最早的舞蹈，源自於人類對動物的模仿，對大自然的學習。如狩獵前，模仿動物動作的獵舞；如豐收後，貼近大地表達喜悅的歡慶之舞。

「人們透過身體的表現，來呈現大自然，石頭、下雨、勞動等等，重心就在生活中被模擬出來。」編舞家、臺北藝術大學舞蹈學院院長兼教授、「玫舞擊」藝術總監何曉玫說：「這時，重心是低的，多半放在腳上。」舞蹈時，腳不斷踩踏地面，甚至像走獸一樣四肢向下。

芭蕾舞重心「高高在上」

人類文明滾滾進展，到了芭蕾舞出現的時代，已是截然不同的風貌。芭蕾舞起源於歐洲宮廷，早期是由皇親貴族帶領起舞，舞姿高雅優美，甚至展現著禮教般的體態，是一種「高高在上」的重心。

舞者們穿上芭蕾舞鞋，踮起腳尖，將全身重量只由那尖端的「一點」來支撐，儼然與地心引力抗衡，重心從不往下，而是向上延展，呈現垂直伸長的線條美感。

這樣的文化線條，正如同當時歐洲普遍的哥德式教堂建築，頂端尖而探天，彷彿欲與上天接近。

芭蕾舞者舞蹈時，「很少把重心交付給地面，即使偶爾出現重心向下的舉動，那也是為了彈跳做準備，馬上又躍起身來。」何曉玫邊說邊示範，雙腿各自腳尖朝外，略屈膝成弓形，舞蹈術語叫「plie」（源自法文）。

浪漫芭蕾興盛時期，重心更是「高來高去」，身體簡直在追求「飛」。「舞台上的女舞者不是仙女，就是精靈、鬼魂，個個不食人間煙火，舞蹈主題也幾乎都是夢幻的。」曾兩度赴英國進修的李靜君，描述著歐洲當時以法國巴黎為主導的社會，從舞蹈乃至時尚所崇拜的美。「女性的輕盈、脫俗，成為所有詩人推崇的仙女之美。」

「這時幾乎所有的舞蹈技巧，都是在『反地心引力』，怎麼樣跳得更高、更輕、更像在飛，試圖擺脫重量的局限，達到人類的極限與巔峰。」李靜君說。

有意思的是，對應於舞台上舞者們的輕飄、柔美，其實這時期「身體的重心受到非常『理性』的控制。」何曉玫說，唯有高度的控制，才能力抗地心引力的拉鋸，但長久下來，「漸漸失去了身體在大自然中渴求的狀態。」

到了十九世紀末、二十世紀初，現代舞的出現，對身體的重心開始有了不同的思索和新的運用。

如脫掉鞋子、腳踩自然的鄧肯（Isadora Duncan）；如弓起身子、感受大地的瑪莎・葛蘭姆。何曉玫認為，幾位現代舞先驅雖然各有著力點，各有其風格，卻似乎不約而同地向東方文化探尋，而且共同的關懷是「重新找回人身體的自然。」

現代舞中，人的身體隨著重心「落實」，也日漸自由多樣起來。

現代舞把重心「抓回地面」

把重心從「雲端」抓回地面，相當典型而著名的是「瑪莎・葛蘭姆技巧」。她讓身體回到地面來，以縮腹和伸展為基礎，運用呼吸，強化這種狀態：吐氣時急遽縮腹，吸氣時拉平腹部，伸展脊椎。

這種原理的延伸與變化，可施展出極有張力、又柔韌、種種扣人心弦的肢體語彙。瑪莎・葛蘭姆充分運用身體與地面的關係，將重心貼近地面，再透過地面，由身體的脊椎來帶動力量，帶動情感，帶動舞蹈。

荷西・李蒙（Jose Limon）是另一位巧妙運用重心、「借力使力」的現代舞大師。他被譽為美國現代舞領域中最出類拔萃的男舞者，作品以直驅人心內在、洋溢對人生的熱愛為特色。他的舞，是把身體重心交給地面，隨即很自然地「彈」回來，就像皮球落地又彈起一樣。

何曉玫點出，皮球若不拍（也就是給予重力），是不會彈起的。所以，身體若不把重心「交下去」，是無法自然彈跳起來的。這過程中，是相當靈活的重心運用，也使得舞蹈更輕快流暢。

到了近幾十年，現代舞中的「接觸即興」，對於重心「玩」得更豐富有趣了。「接觸即興」一定不只一個人跳，是舞者們在身體時而接觸、時而分開的狀態中，互動出各種即興創作。

何曉玫在此領域浸淫相當久，她說，接觸即興無非就是「每個人透過彼此接觸，重心的交換，而發展出動作和舞蹈。」同樣類似借力使力，但當雙方接觸時，不能只是「碰到」而已，一方一定要把身體的重心「交給」另一方，才能產生重力，對方也才有「力量」讓彼此動作發展下去。

「如果沒有真實的接觸，是無法把重心交出去的，也就沒有真實的動作發展出來。」何曉玫強調，這其中是很平等的男女關係，也是相互信任的一種關係。

對比於早期的芭蕾舞，男舞者多半只輕攬女舞者的腰，協助她在轉圈時維持重心於不墜，或協助她輕盈翩飛，落地後立刻鬆手。而現代舞的「接觸即興」，承載力量的不只是男性，男男女女同樣在進行重心的互換。重力的承接與釋出，「已經沒有男女性別的差異了。」

後現代舞蹈大膽「玩」重心

何曉玫就發現一個有趣的現象。在帶領學生做接觸即興時，對於只受過古典芭蕾訓練的舞者，就會比較「吃力」。「他可以去扶別人，卻沒辦法把自己的重心交給別人。」是不放心、不信任，覺得不安全，「需要花很多時間去學習『給予』。」或許，這也是饒富興味的生命課題吧！

再回到舞蹈，如今已發展到「後現代舞蹈」，重心「玩」得更大膽狂放了。譬如美國新一代編舞家，在舞作中讓一個個舞者以近乎「摔下去」的姿態仆倒於地，甚至重重疊在另一人身上，那倒地的聲響與畫面，令觀眾席忍不住連連為台上的舞者叫痛。

何曉玫說，那是「全然把身體的重心交到地上。」舞蹈，自此又到了另一種對地心引力的挑戰，對人類極限的試探。

走完時間的縱軸，玩一玩舞蹈的重心流轉，再來瀏覽空間的橫軸，看一看東西方舞

蹈在「重心」上的大異其趣。

大體而言，西方的重心在上，體現的是垂直的線條、修長的美感，如芭蕾舞，如歌德式教堂，如希臘雕像（多是令人仰望的站姿）；而東方的重心在下，普遍展現著水平的線條、圓融的美感，如廟宇屋簷，如書畫捲軸，如佛像總是端坐，甚至還有臥佛。

「一個似乎想要接近天，一個則是接近大地、傾聽眾生。」李靜君如此形容。不一樣的重心，造就出不一樣的世界。「整個亞洲地區的舞蹈，像泰國、印度，腳幾乎都是彎的，重心在下半身。日本也是一樣，很少看到日本舞會『飛出去』。」

找到自己文化的重心

重心，與生活型態、身體結構息息相關。

東方是稻米之鄉，蹲身插秧的生活千百年如是，「接近土地，才適合我們。」西方人的大腿與小腿幾乎是一比一，而「我們的大腿通常比小腿長些，真的比較好蹲。」

當這樣的身體跳起《天鵝湖》，確實怎麼跳也很難跳得比西方人好看。那麼，為何不回到我們自己的身體，找到自己的重心？一九七八年，當時創團才六年的雲門舞集，跳出了《薪傳》，就是有這番思路和摸索。

《薪傳》中，不論男女舞者，大量的翻滾、仆地、蹲身，種種貼近大地、也自大地得到力量的動作，既美又猛。即使騰空躍身，也是扎扎實實來自地面的力量。這樣的肢體語彙，源自歷史，也源自生活，締造出與主題一致的美感與震撼。

此後至今，《薪傳》從臺灣舞向海外，成為代代傳跳的經典，連外國舞者也穿起唐衫，學跳《薪傳》。當然，擁有不同身體重心的外國舞者們，跳起《薪傳》來，就比臺灣舞者要吃力囉！

這其中，還隱含著林懷民早年的一個小故事。

大學時，他第一次在臺北中山堂觀看澳洲芭蕾舞團跳《天鵝湖》，台下觀眾陶醉讚嘆。散場時，他聽到一個女孩拔尖的聲音說：「可是我們永遠做不到，因為我們的腿太短了。」這句話他一直記著。

沒錯，西方人是長腿，在芭蕾的天地悠遊，舞遍世界；我們是短腿，那麼可不可以創作出源自於我們身體與文化優勢的舞蹈，讓我們的「好看」，也令全世界讚嘆？

重心幻化如流水

《薪傳》是明明白白、厚實有力的把重心放低；到了《水月》等舞作，則是輕輕巧巧、幾乎幻化為流水般的把重心放低。

因為自九〇年代起，雲門舞者們的日常訓練添入了太極導引、靜坐與武術，這些都蘊藏著身體文化、東方哲學於一舉一動間。重心，不只穩穩落於下盤，還能經由意念，「入地三尺」。如此演出時，能給人恍若「身體如水一般」的美麗與不可思議。

「很多國際上傑出的舞者，看到雲門也嚇一跳，覺得我們怎麼可以做到這樣，身體像液態一樣。」李靜君說。

舞台上的雲門，已成為世界舞蹈版圖上獨一無二的美感。

吸納了東西方不同「重心」的身體訓練，雲門舞者們的體內不會「衝突」嗎？「剛開始會，到後來變成相輔相成。」進雲門跳舞已四十多年的李靜君，意味深長地說：「懂得上才懂得下，懂得下才懂得上，不是嗎？」

林懷民的作品，在國際間向來被讚為「巧妙融合了東方與西方」；在雲門舞者身上，「重心」似乎也打破了疆域與界限，運用存乎一心，美妙渾然天成了。

感受身體的重心

示範：呂筱梅、曾于畇

不論站、坐或躺，當身體保持比較正確的姿勢，讓關節和肌肉處在一個平衡的狀態（也就是身體「重心」處在和地心引力和平共處的狀態），這時候，身體便會覺得比較輕鬆，負擔減輕。

站姿時，重心平均落在雙腳的腳掌上。避免過度集中在腳掌外側，否則容易駝背；也要避免過度向前，否則會造成尾椎後翹，增加腰部負擔。

接著，注意「四面八方」平衡：尾椎微微內收，感覺重量向下；小腹輕輕內收上提，幫助脊椎向上拉長；下巴微收，第一節頸椎輕輕向上推，頭頂往上延展；鎖骨向兩側延伸，幫助胸腔的開展；再感覺後背打開、上提。

坐在辦公桌前，盡量保持脊椎向上延伸的坐姿，雖然一開始會覺得有點累，但身體不至於因為垮掉而愈坐愈沒精神，還可使呼吸和氣血更順暢呢！當然，後背加上靠墊，臀部加上坐墊，幫助腰部放鬆，也是好選擇。

正躺好，還是側躺好？右側的側躺姿勢，減輕了心臟的壓迫；保持右腿曲膝，腰部會

與孩子
一起「玩」
重心

與孩子一起，先剪貼畫畫，做出各種形狀的紙張，然後攤放在地上。「剪刀、石頭、布」，看誰贏，選擇站上、坐上，還是躺上哪一顆「心」（或「方塊」、「月亮」……）。

更舒服。正躺時，雙手和雙腳打開約三十度，腰部和上背就更放鬆。還有趴下時，雙腿也打開約三十度，骨盤和後腰較沒有負擔。

親子之間，也可以自創各種玩法，找機會邊玩邊感受重心。最重要的是，隨著身體重心的流轉，讓彼此貼近，既開懷，又享天倫，還能「練身體」呢！

大人的
律動
新生活

工作一段時間，別忘了讓頸部關節和肌肉放鬆延展。掃描 QR-code 觀看影片，學習讓脖子回正，當個「抬頭挺胸」的現代人。

第 4 課

安靜
「靜定沉著」的能力

現代社會總是動個不停、講個不停，好像很難靜下來。
可是，安靜真的很重要。
忙碌的生活裡，懂得靜，會獲得很多能量；
成長的歲月裡，擁有過安靜的體會，是一生受用的美好力量。
安靜，才可以聽見別人，也聽見自己。

—身體的記憶—

動與靜

蔣勳

孩子很少是不好動的。

記得小時候，孩子多，父母通常照顧不到，但是生活空間大（不像現在孩子多被拘禁在小小的公寓空間裡），孩子多半在田野中活動，有許多接觸大自然的機會，孩子好動的天性得到了充分滿足，相對地，動過了，玩累了，也特別能夠安靜下來。

我對安靜的看法是：充分活動後的安靜，才是真正的安靜。

童年的時候，我們家住在臺北北區一個叫「大龍峒」的老社區。附近很多廟，廟的歷史大多很久遠，因此也多老樹。老樹枝幹橫伸，葉叢茂密，根幹粗壯，常常是孩子們最愛玩耍的地方。

住公寓長大的孩子一旦帶到大自然中，一開始一定不習慣，泥土很髒，地面不平，更不要說爬樹了，望著大樹，一點征服的樂趣也沒有。

我記得童年時「爬樹」是最稀鬆平常的事，看到一棵大樹，脫下鞋子，三腳兩腳就爬了上去。爬樹不是學校的功課，沒有人會鼓勵，甚至給家人長輩看到還會訓斥一頓。

但現在回想起來，爬樹確實是一種身體的能力。手腳並用的訓練，恐怕都在爬樹的行為中鍛鍊了出來。

一株挺直的檳榔樹與一棵枝幹糾結的榕樹，爬的方法一定不一樣。在筆直的檳榔樹幹上，我知道如何用手的拉力與腳的蹬力配合，很快速向上爬升，而且胸腹貼住樹幹，也不容易滑落。最快樂的是，爬到了樹的頂端，摸到一串一串綠裡透紅的檳榔，下去的時候，巧妙地放鬆雙手雙腳，可以一溜到地面，彷彿雲霄飛車的速度感。

爬檳榔樹不能停留，爬榕樹就不一樣了。榕樹的橫伸枝椏很多，我常常爬到枝葉茂密處就停了，小小的身體躺臥在樹的枝椏間，摸著一根一根下垂的榕鬚，覺得像老爺爺的鬍子，有一種安全溫暖的感覺。我常常在榕樹上睡著了，聽到鳥雀在旁邊鳴叫，聽到夏日的蟬聲，聽到風在葉片間穿過，聽到母親遠遠呼叫我的名字。

那時候特別安靜，是我最早感覺到的安靜。心裡沒有雜念，緊緊抱著樹枝，好像可以聽到樹的心跳，聽到樹的呼吸。

「安靜」或許不是「不動」，「安靜」是在身體充分「動」的滿足之後，可以沉靜下來認識自己身體的開始。

在自然的寬大天地中奔跑的孩子，是懂得「安靜」的；相反地，太拘禁在狹小空間裡，靜不下來，動也變成了「躁動」。

—身體芬多精—

安靜的滋味

那一晚，小女孩寫完功課，洗完澡，跑到爸媽的大床上，自然又自在地閉起雙眼，「打坐」起來！

爸爸問她在做什麼？「身體很舒服，就想在這裡坐一坐。」女孩開心回答。學理工也學氣功的爸爸懂了，他知道孩子正在體會身體裡的感覺，一種往內的、沉靜的能力。

安靜，是在充滿速度、充滿聲音的現代社會中不容易「看到」的東西，卻是每個人非常需要的，可以讓身心泛起喜悅、讓生活湧出新意的一種美好力量。

懂得安靜，一生受用

「懂得安靜的能力，對情緒的安定是有幫助的。」小女孩的爸爸、成功大學機械系名譽教授李榮顯說。

女兒李俐穎如今已是個大女孩了。她從小也學鋼琴，每逢比賽、團體演奏會等大場面，總是孩子們有壓力、很緊張的時刻，而李榮顯清楚知道，女兒穩定情緒的關鍵能力，來自她從小到大就接受到的「潛移默化」。「鋼琴老師通常只能告訴妳『不要緊張、深呼吸』，而雲門的課已教她『如何呼吸、安靜下來』。」

讓孩子懂得體會安靜的滋味，會是他一生受用的能力。

雲門舞集創辦人林懷民，至今一直記得小時候每天放學回到家的情景。媽媽總是準備一碟餅乾，放起古典音樂，讓孩子們端正跪坐在榻榻米上，一邊享用點心，一邊聆賞音樂。

他和弟弟妹妹們乖乖坐在音樂聲中，看著母親按著規律，處理再家常不過的三餐家務。「氣定神閒中透露出來的紀律，和進退之間對於人生的了然有禮，對我來說，雖然當時並未察覺，影響卻是一生之久。」

尤其，那當下的感覺，化成恆久的力量。「那是一個安靜的角落，其中的舒適妥貼，可以讓人沉澱白日所有吵鬧繁瑣，重新聆聽自己心中的聲音。」他說：「安靜帶出來的力量，就算是孩子，都能深刻感受。」

每個父母，都可以為自己和孩子找出「靜」的方法，包括「靜靜的」叫醒孩子。

蔡穎卿，兩個女兒的母親，她十年的教養札記，在二〇〇七年出版成《媽媽是最初的老師》一書，廣獲好評。由於先生工作的關係，一家人住過臺灣、曼谷、新加坡，她在三種不同的教育環境中教養女兒。

與她越洋談「靜」，她深有所感。她覺得，現代的家庭不能給孩子「安靜的滋味」，除了外在的聲響與干擾太多之外，還有因為時間總是緊迫而造成的「急躁感」。比如說，一大清早就開始匆忙用餐、趕著上學，放了學往往還有補習班或才藝班要趕，接來送去，趕功課、趕上床，直到一天終了。

忙裡偷「靜」

而她會「忙裡偷『靜』」。每天早上，她總比孩子早一點起床，把窗戶打開，歡迎晨光與空氣進屋裡來，然後再去喚醒孩子。她常常只是輕喚一聲，接著坐在床沿，輕輕摸著她們的臉頰和頭髮，就能使原本熟睡的女兒微笑地睜開眼睛。

「我知道有些父母一定會說：『我哪有那些美國時間？』但我還是會回答：『有

的，一定會有的。』」蔡穎卿說：「大聲喊叫也許需要五分鐘才能叫醒一個孩子，安靜地走到她的床邊，牽起孩子的手，對她輕聲一兩句，有時候連五分鐘都不到，而那些聲音卻往往可以影響孩子面對一天的心情。」

安靜，並不是指沒有聲音或動作，而是一種狀態、一種心情。蔡穎卿認為，「靜」也可以是指，允許孩子有一個心靈自處的空間。

比如說，當一個小小孩拿著一本繪本，父母除了指引共讀之外，也應該給一段沉思的時間。「或許我們看到的只是他盯著一頁畫面在發呆，但並不需要急急去檢查，或憂慮他是否在浪費時間。」

「在這個供給過度、喧擾頻繁的世界，如果父母能從小培養孩子擁有寧靜的身心，而不感覺孤寂或不安，等於為他們積累一項豐厚的生命財富。」蔡穎卿說。

當母親這二十多年來，她的工作也一直很忙，但是不要因為忙而亂，一直是她努力的目標。「我知道心亂的父母無法帶給孩子安靜與安定感，我節約片斷的時間，為家庭作息做更好的準備，目標就是要把生活過好。」她坦然表示：「我發現這對孩子是有影響的。兩個女兒在功課壓力極大的幾個階段，也從不曾訴苦自己的重擔。」

多樣的「靜定」課程

除了用心的父母，近年來，也有學校體會到「靜」的重要，安排了相關課程。如上茶道課，透過如何品到一杯好茶的過程，培養耐心與平和的情緒；上瑜伽課、呼吸課，學習運用肢體動作，配合呼吸練習，來達到靜心、養身、控制情緒；上舞蹈課，透過音樂節奏，體驗動靜之間的關係和力量；上武藝課，學習當意念專注於氣的時候，透過肢體的移動產生力量，從意到、身到、氣到的過程中，達到靜定。

還有一種靜定遊戲，「走線」。雲門舞集舞蹈教室裡的孩子，以專注步行的方式，隨時注意自己的呼吸，並仔細聆聽周遭的聲音。不只是孩子，大人也很需要這種能力。在課程開始，進入主題前，拋開趕著來上課的匆促感，覺察自己的心跳。培養靜定的能力，對所有人的生活與學習非常有幫助，可以集中精神，做好每一件事。

臺北國泰醫院一樓，從大廳延伸到各個候診區、掛號處、領藥處等，一早已是人潮川流，幾近人聲鼎沸；而一門之隔的診療室或樓上的開刀房裡，又是要多麼的靜（安靜、冷靜），才能診斷出生命的病痛或難題。醫院，明顯是個極躁動、又極需要靜的地方。

曾擔任檢驗科組長的高崇銘，熟練地為一名病人在手臂上抽出血液，等待檢驗。問他如何在如此環境裡「動中求靜」？他笑言：「真的很難。」但有時他運用了「慢」，那是很細微的慢。他端起桌上的咖啡杯「示範」說：「就像端起這個杯子來喝時，你專注在動作裡的每個細節，那往往能幫助你靜下來。相對地，心就比較不會浮躁，可以減少工作中的疏失。」

學佛多年、懂得靜坐的他，也鍛鍊「聽」的本事。「靜下心來聽，把聲音『聽進來』。不是隨意的聽過去，而是把對方的聲音清楚地聽進來。」他的經驗是，「這可以增加自己的靈敏度。有時病人可能有某種需求，但他未必說出來，而我可以觀照到。」

就像一池湖水，當水波不興、湖面一片平靜時，「湖光山色才會清楚地映照進來」；同樣地，讓心靜下來，就能把對方的聲音「歷歷分明」地聽進來。

懂得運用「安靜」，讓他助己，也能助人。

留白天地寬

做為忙碌的現代母親，蔡穎卿也經常在「動中求靜」。「我通常無法刻意為自己挪出安靜思考的完整時段，所以我特別喜歡做家事，因為在操作中，不但使家人得到更好的生活品質與樂趣，也提供了自己心靈安靜的片刻。」她說：「每一天，我都在這種肢體在動、心靈卻十分寧靜的時刻，整理自己的教養與工作思緒。」

「養育孩子需要精力、勇氣和智慧，沒有給自己安靜的時段，如何能轉化每一天需要的熱情與力量。」她的體會是：「安靜，會給生活帶來『留白天地寬』的餘裕之感，我想，現代的父母是更需要的。」

安靜，也可以教人更懂得珍惜自己。

作家呂政達，大學和博士班學的都是心理學。他舉一個例子，許多心理系的實驗室都會有個房間，鋪著厚厚的地毯和隔音牆，完全隔絕外面的聲音，當人走進去，關起門，聽不見任何聲響，只聽見自己。「平常沒有注意到的，像是自己的心跳，甚至連血液在血管裡流動的聲音，都會變得非常清楚。」

有個學生告訴他，第一次在這房間裡聽見自己腦殼裡的脈搏聲，感覺像是進行曲中的小鼓，鼕鼕地敲，把自己嚇了一跳！從沒想過，自己身體裡可以製造出這麼多種聲音，從此以後，他也更加珍惜自己的身體。

「有時候，我們不用急著去聽外面複雜的聲音。回過來，傾聽自己體內的聲音，也是一種奇妙的體驗。」呂政達說：「想像自己的身體是個交響樂團，心跳是定音鼓，血流是弦樂，呼吸就是管風琴。每一天，你的身體交響著各種聲音，而你就是那個偉大的指揮。」

呂政達說，做父母的總是教孩子們「往外看」，注意功課，注意身高，注意外形等等，卻很少「往內看」，注意自己的內心，聆聽身體裡的聲音，這是很可惜的。

人，總是習於向外看；而靜，可以幫助往內望。有意思的是，東方武術看似「動」的技術，卻扎扎實實觀照到了「靜」的層面。

有了靜，動才有內涵與廣度

「靜，是東方武術中非常重要的養分。」止戈武塾負責人徐紀老師點出：「東方武術讓人練就『向裡面看』的能力，從內啟發。」

他說，武術雖然源自於應敵，是由「動」開始，但是東方武術歷經了華夏文化大地千百年來的孕育，將書法藝術、道家哲學、中醫，以及對人體的了解等，都包含、凝煉在其中了。因此，不會只是張牙舞爪的向外武動，而是能動也能靜，蓄積生命的健康與厚度。

「有了靜，動才有內涵和廣度。」徐紀說：「每一招裡面，都是動中有靜，靜中有動；每一個套路，也是動靜相兼相濟。」

在武術結束前的「收功」，也讓人感受到靜的內斂，靜的溫暖。「動了之後，歸於靜，就像秋收冬藏，把能量收歸於己身，儲存起來，不致散失。」

關於這點，鋼琴家李明蒨的經驗，竟有著異「曲」同「功」之妙。

李明蒨留學德國七年，取得雙碩士學位，在學業後期，她每天練琴之後，「一定靜坐半小時。」她覺得，就彷彿是把整天一直在鼓動的能量，妥貼地收歸到自己身上，讓每天有個恬靜的結束。這樣的過程，讓樂譜一絲不亂地印在她腦海中，流暢地從她十指間滑躍，也讓她順利度過了嚴格的學業壓力。

動的生命力，往往來自於靜的涵養。要把生活過好，事情做好，就讓「安靜」為身與心留一片天寬地闊的可能。

安靜，才能聽見別人，也聽見自己。

安靜，是尊重，不是命令

「安靜！」「安靜！」當老師的，大概都有過這種大聲吼叫，試圖讓一群學生安靜的經驗吧。但，好像未必管用。

就算學生真的都閉嘴了，「不講話，不代表安靜喔，可能心裡仍有一堆話在講。」撰寫數個有關青少年成長專欄的作家呂政達說：「不要把安靜當成命令，孩子不會喜歡，也不會真的安靜。」

曾帶兩個女兒在曼谷國際學校就讀多年的蔡穎卿，則在那所學校裡，看到了「真」安靜。那是一次教學參觀日，禮堂裡有表演活動。她進去時，看到小學四年級一百多個孩子全坐在右側，雖然不算吵鬧，卻也是低聲嘻嘻哈哈地各自交談著。

開演前，一位老師走到他們前面，做了幾個手勢，接著愈來愈多的孩子跟著做。那位老師變換了兩三個手勢後，全場已經鴉雀無聲，每個孩子都跟上動作了。當所有的孩子都靜默下來，老師對孩子們深深一鞠躬，並用唇語說：「謝謝！」

多神奇的一幕啊！就這樣無聲無息，一個老師「安靜」地集合了一群混亂的孩子，根本用不著聲嘶力竭。

那手勢有什麼「催眠」的魔力嗎？她向小女兒探問，女兒說不管他們有多吵，只要老師一個「信號」（signal），大家在一兩秒之內馬上就安靜下來。這信號，可能是「一個輕輕的口哨音，或是一個小敲擊聲。總之，這是從小就訓練起來的默契。」

女兒說，當她還小的時候，之所以看到老師們做著手勢，大家就會跟著做，並且安靜下來，是因為從小就被教導「安靜地聽別人講話，是一種必要的『尊重』。」

彼此尊重，是該所學校教育中非常重要的觀念，很多事情就靠著這個觀念而運作順暢。

蔡穎卿很有感觸。「我在臺灣看到老師想集合孩子，多半不是引孩子注意，而是以音量來鎮壓，鎮壓完之後也沒有交換彼此的感受，於是又一陣蠢蠢欲動的蓄積之後，再來一次更有威力的震撼。」她說：「如此反覆的結果，老師的嗓子多半是沙啞的，而孩子講話也多半是用喊的。」

曼谷國際學校的「真」安靜背後，沒有魔力，只是尊重。

一種很重要，卻常被忽略的「靜」

蔡穎卿曾在報紙專欄中寫到，她很喜歡跟小小孩講話，即使這個年紀的孩子多半害羞，或者還不太會運用字句，總是一時半刻仍講不出話來。她很樂意在一旁等候，「那小小的等待，一點都不無聊，也不尷尬。」

但往往這時候，孩子的爸媽會「耐不住」那短暫的沉默，在孩子就要開口之前，搶先發話：「跟阿姨說……」或「你不會說……嗎？」

真可惜！此時的她總不免喟嘆：「我們真的急到不能等待那幾十秒嗎？」

「每個人都說，這是一個快速運作的社會，沒有人會給你時間，所以我們做什麼事都得快速回應。但是，不管有多急，請為孩子留點時間，讓他們想一下，把話說完。」

她因此寫下了那篇〈值得的等待〉，結語寫著：「一點點時間，哪裡都到不了，但小小的等待，在親子的對談中，可以是愛的期待。」

問她，大人願意「等待」孩子講話，是否也是一種很重要、卻往往被忽略的「靜」？

「絕對是的！」她說：「我們總是擔心孩子反應不夠敏捷。如果一個孩子小時候就伶牙俐齒，似乎代表著某一種程度的聰明，所以許多父母會擔心自己的孩子話說得晚、說得慢，或說得不夠好。」

她卻覺得，讓孩子把話說出來，比反應快更重要。語言是表達心思的工具，它還會從工具演變成一種藝術，無論如何，都應該允許孩子慢慢說出自己想說的話。

「我相信孩子的每一句話都是一種創造，如果在小時候就不允許他們創作，長大後才用各種各樣的學習來引發所謂的創作力，似乎是繞遠路的做法。」

而且，願意等待的父母，心情自然比較恬靜，因為這份等待中充滿了「期待」，期待那個小小的心靈自己發聲、自己表白。

發呆，讓你變得更「聰明」

楊照

導演李鼎曾經受邀幫雲門舞集舞蹈教室拍攝推廣短片，為了深入了解，他到幾個不同的班上「看課」。

有一件事讓他留下深刻印象。上課過程中要分組，老師將班上同學分配好了，突然一個小男孩鬧起脾氣來，他不喜歡老師給他的那一組，鬧著要換到另一組去。老師沒有答應，小男孩一氣之下就不肯參加接下來的活動了，一個人拗著。老師勸了兩次，他不理，老師就不管他，逕自帶著其他小孩照原來的分組玩起來。小男孩嘟著嘴，自己在旁邊彆扭了一會兒，突然，他安安靜靜地加入了老師原本幫他分的那組，一分鐘後，開心快活地笑著，好像什麼事都沒發生。

李鼎用訝異的語氣描述這經過，說完了，在場的雲門舞集舞蹈教室董事長温慧玟聳聳肩，說：「一向都是這樣啊！」

她指的，是在雲門舞集舞蹈教室一向都這樣。但在雲門之外很多地方，卻都不是這樣，不然李鼎也不會感到驚訝了。

強迫的安靜，不是靜

「給小孩安靜的空間」，這就是雲門與其他地方對待小孩的一點根本差異。過去在傳統教養習慣上，非常強調叫小孩「安靜」，不要動，不要講話。「小孩有耳無嘴」、「站有站相，坐有坐相」，舊式的管教理念裡，將「安靜」等同於「規矩」。換句話說，讓小孩「安靜」，意味著小孩屈從於大人的命令，表現出大人要的模樣來。

真正的安靜，不是這樣被強迫的安靜，不是這樣服從外來訓令而表現出來的安靜。強迫的、表面的安靜，和小孩自身的生命沒有關係，也就對他發揮不了正面的影響。

安靜，為了理解，為了思考。安靜，為了看到、發現自己真正想要的、需要的。安靜的本質，是在一段特定的時間中，暫時停止密集接收外來的感官刺激，也暫時停止快速的內在反應。

人有敏銳、複雜的感官接收本能，會不斷直覺地領受到太多來不及整理消化的訊息，視覺、聽覺、觸覺、味覺、嗅覺，同時都在啟動，連帶著還有被這些訊息激發的身體與情緒反應，不管你喜不喜歡，平常狀態下，人忙得很。

忙到無法衡量一下，這些蜂擁進來的訊息，是不是已經超過了我們的負荷。除非，我們讓自己「靜一靜」，有意識地停掉新的，才能在身體裡、大腦裡騰出空間來處理舊的、已有的。尤其是將躁動中方起方滅、方滅方起的種種情緒，整個條理出來。

今天的小孩，或許特別需要領會這種「不是被迫」的安靜，因為他們注定要活在一個感官訊息愈來愈多，人際互動也愈來愈頻密的環境裡。在他們還無法進行有意識的選擇之前，環境中已從早到晚充滿了聲光刺激，不斷襲擾他們的神經，然後，他們進入都會街道間，來來往往多少識或不識的人影！

這個環境中，大人自已都靜不下來，每天忙著動著，進行各種追求。久而久之，大人們養成了焦躁的習慣，生活裡失去了「安靜」這個概念，取而代之的是「無所事事」、「不知道要幹什麼」的負面感覺。

刻意的安靜，不是靜

無法自然地安靜下來，將安靜視為人生的空白，視為浪費時間，於是就只能在煞有介事的情況下才靜得下來。要特別安排時間，叫自己靜坐、學瑜伽、刻意訂定喝茶喝咖啡的場合，覺得只有如此有目的的「靜」，才有價值。

但這樣的刻意用心，常常反而讓人更加遠離「安靜」，得不到澄靜的效果。

古人的說法叫「澄靜養心」，理想上就是安靜自處一下，原本混雜的感官比較有機會澄明透澈，看見原本狀況中看不見的，理解原本狀況中理解不了的。經過這樣的反覆工夫訓練，我們的身體、我們的感官，就能夠更快更準確地接收、掌握外在與內在的訊息。「心」升等、升級了。

我們不需要遵循傳統那一套工夫訓練，但還是可以領會這套工夫訓練的用意與用心。在現代環境下，至少試著讓自己不必害怕安靜，允許自己不時的安靜，尤其是不刻意的安靜時刻，三分鐘、五分鐘都好。

很舒服的「發呆」

有一段時間，我不經意會問女兒：「妳在幹嘛？」通常得到的答案都是：「沒幹嘛。」我以為她只是隨口敷衍，或沒有辦法用語言準確描述自己在做什麼。等到她長大些，小學五年級吧，有一天她突然鄭重其事地跟我說，她很喜歡「發呆」，覺得「發呆」是一件很舒服的事。

是了，「發呆」就是她對安靜片刻的形容。她很誠實地表達了在那安靜中能夠獲得的特殊感受，一種可以享受的感受。

小孩喜歡「發呆」，甚至他們需要「發呆」。周遭那麼多對他們潮襲而來的刺激、訊息，大部分是他們無法簡單歸類接受的。有太多他們不懂的，會給他們尚未成熟的神經系統，與還沒完全的社會化能力很高的壓力。「發呆」，靜一下，從這樣的壓力中逃離一下，因而「很舒服」。

但是，一般大人會怎樣看待「發呆」的小孩呢？光是「發呆」這樣的詞語，本身就有強烈的負面意味——「發呆」顯現出「呆」樣，是「呆小孩」才做的？

不，事實可能剛好相反。小孩可以「發呆」，可以有不時「安靜下來」的時刻，他

們才有機會逐漸變得更「聰明」——耳聰目明。安靜一段時間之後，他們的感官恢復了領受訊息刺激的能力，清空了一些東西，留出了心靈的一些空間，他們才又能聽、能看、能想、能判斷。

女兒在琴房裡練琴，有時會愈練愈亂，音樂變得不知所云，我會過去對她說：「欸，妳要不要先去『發呆』一下，再回來彈呢？」女兒回頭給我一個燦爛的笑容，很高興我和她一樣「呆」，可以知道「發呆」的意義。

音樂家談「靜」
——專訪鋼琴家李明蒨

「聽植物唱歌！」

鋼琴家李明蒨曾出這麼一道功課給學生。

念高中的大男孩聽進去了，也照著做了，但「什麼也沒聽到呀？植物怎麼可能會唱歌呢？」下次上課時，他滿心狐疑地問老師。

李明蒨問他，是在哪裡聆聽植物的。原來，這可愛的大男生放學後揹著書包，坐在大馬路邊，想聽行道樹「唱歌」，卻只聽到車水馬龍的不斷轟隆聲。李明蒨告訴他，到郊區比較安靜的山上去聽聽看。

男孩去了一趟，再來上鋼琴課時，滿懷喜悅地說：「老師，植物的歌聲是不是就是那時候，腦海裡自然浮現出來的音樂？」

年輕的心感受到了，做老師的李明倩也察覺到了，「再彈琴時，他整個音樂都活起來了！」

這個想要報考音樂系的高中生，大概從來也沒想過，大自然裡的「靜」，竟是最美妙的一堂音樂課，可以讓自己手中的琴鍵躍「動」出生命力來。

靜下來，才能「聆聽」

「活起來的音樂，才是會感動人的音樂。」李明倩說，讓學生去用心「聆聽」自然裡的樂音，用身體感受寧靜中的流動，如樹葉被風吹動，如花朵在風中搖曳，如不同氣候的風穿過樹梢，造就出不同的「歌聲」。那會比坐在鋼琴前，提醒他這裡該大聲、那裡該小聲、這邊該起伏等（那往往只是一堆音符或強或弱在跑而已）還要深刻，還要豐富。

環境的靜，幫助人的心靜下來，讓「自然的樂音與呼吸」進入到細胞裡。即使不是為了演奏，生活中也要為自己保有靜的時刻。

「能夠享受靜的感覺，很重要。」她微笑道來：「我們每個人都有與生俱來的很多天賦，讓自己靜下來，就能浮現出來。」靜下來，才能「聆聽」。聆聽別人，也聆聽自己。

李明蒨說，「hearing」和「listen」很不一樣，前者只是「聽」，現代人大多是這種聽，往往有聽沒有到；後者才是「聆聽」，用心去傾聽，才會聽到真正且豐富的訊息。她舉個例子，有位朋友在一個知名團體裡帶領小朋友進行團康活動，玩「傳話遊戲」，不過才五個孩子，話從頭傳到最後，就完全不一樣，很顯然，「大家聆聽的能力都不夠。」

懂得靜下心來聽，「可以聽出很多深藏的『心聲』。」像聽貝多芬著名的〈快樂頌〉（第九號交響曲），「不只是聽表面的快樂而已，而是聽貝多芬一生的體悟，他對快樂的追求，他曾經歷過的波折，越過重重苦難之後才是真正的快樂。」李明蒨說：「那是他體驗快樂的心路歷程，飽滿而真實。」

以「靜」制「動」

對於環境的「靜」，李明蒨有「或大或小」的體會。

高中畢業即到德國進修音樂的她，還記得留學前翻閱相關注意事項時，裡面提到「在德國，不要在半夜上廁所、洗澡」，以避免沖馬桶、沖澡的聲音影響其他人的安寧。

德國人對乾淨與安靜的「龜毛」要求，她在旅德七年期間更見識到了。好比，「如果你的門窗不夠乾淨，會有人來敲門提醒你，該清潔窗戶了！」

而她居住的地方，每天出入時她都是輕輕地帶上門，不曾製造出任何噪音。但某天房東還是告訴她，樓上鄰居抱怨說，她每次關門時，門鎖內部機關扣上時「喀」的一聲，吵到對方了，因此建議她，以後關門時先插入鑰匙，輕轉再扣上，就可避免這樣的「噪音」。

這個「高度寧靜的國家」，雖然讓來自臺灣的她頗費一番時間調適，但她也覺得深有啟發：「為什麼世界上一提到德國工藝、德國產品的品質，就會很放心，不是沒有道理的。」

對於鋼琴家來說，也要能夠耐「靜」，並懂得「靜中求動」。練琴時，必須在極度安靜的琴房中不被打擾，「一天至少八小時，一個人對著一座『木頭』一直彈。」她笑著形容，但彈奏者手中滑出的、耳邊飄盪的，又是不斷躍動的聲音。

李明蒨的體認是，懂得「靜」，才能掌握「動」。「音樂在跑，心也跟著跑，只有觀眾可以；演奏者則不同，沒有『冷靜』，是不能control一切的。」

「動」與「靜」對音樂家來說，都是能量；而要讓樂音「動」得精采、「動」得漂亮，「靜」則是他們必須的品味。就像去「聽植物唱歌」，體會大自然的律動，在幽然寂靜中，學習放鬆與專注，學習讓自己的身與心湧現出曼妙樂章。

讓音樂，帶來「靜」

現代社會的生活型態，總是動個不停，說個不停，人們好像很難靜下來。不妨用音樂來平衡一下。

什麼樣的音樂，可以助人平靜呢？擔任多所大學院校講師、「音樂身心靈療法」課程相當受歡迎的李明蒨建議，New Age（新時代）音樂是不錯的選擇，這類音樂經常可以帶給人一種神遊大自然的空間感。

她說，不論是習慣聽流行樂或聽古典樂的家庭，都可以準備些New Age音樂在家裡，「就像飲食要調配均衡一樣，音樂也是如此。」

在社區大學等地方講課時，她也會勸太太、媽媽級的學生說：「回家先別急著進廚房，先去放音樂，等先生、小孩回來，就讓New Age音樂很自然地變成家裡的背景音樂。」

有位四十多歲的太太照著李明蒨的話做了，後來分享了她的經驗：

第一天，先生一回來就去關音樂，然後如往常一樣，打開電視看新聞。

第二天，先生回來後，沒有關音樂，但依然打開電視看新聞。

第三天，先生回來後，並沒有打開電視看新聞，音樂也繼續流洩著。

第四天，先生問太太，這音樂可不可以借他帶去辦公室聽。

更重要的是，這位太太說，關掉電視後，家人之間的對話多了，彼此都能傾聽對方的「聲音」，溝通也更好了。

「人一直處於『視覺』狀態，聆聽能力是會降低的。」李明蒨說：「適度的『關掉視覺』，是滿好的。」或許這是一個喧囂的時代，「外面的聲音我們無法選擇，但家裡的『音樂』我們可以自己創造。」

如何讓孩子不浮躁

讓莫札特來幫忙

研習「音樂身心靈療法」的李明蒨說，莫札特是不錯的幫手。她舉出兩個例子。

一個是她的學生，在幼稚園當老師，準備了莫札特作品中專門給孩子聽的音樂合輯，在午睡前、上課前，找機會放給孩子們聽，發現孩子們「變得比較好帶了。」孩子們甚至會主動要求：「老師，可不可以再放上次那些好聽的音樂來聽？」

另一個是位媽媽，孩子在念小學，她常到學校做「義工媽媽」，每逢她負責「說故事時間」，會先放一段莫札特的音樂，她發現「比大喊『大家安靜』還要有效！」

為什麼莫札特的音樂有如此魅力？李明蒨說：「莫札特本就是個希望帶給世人快樂的人，他曾說過，唯有透過悅耳的音樂，才能撫慰人的心。」

基本上，莫札特的作品頻率偏高，「小孩子容易被頻率偏高的音樂所吸引」，同時，莫札特的音樂節奏較規律，「規律的節奏較能穩定情緒。」

除了莫札特之外，巴洛克時期的韓德爾、巴哈等人的作品，也有類似的特性。不過，音樂只是輔助，並非萬靈丹，可不要只管把音樂一放，就不管孩子了。

讓王建民來幫忙

幾乎已是家喻戶曉的「臺灣之光」王建民，國內外媒體常用「cool」、「冷靜」、「不多話」來形容他，甚至有評論說，「既冷又靜」就是建仔的利器。

對於喜歡體育的孩子，除了和他們一起觀看美國職棒大聯盟比賽，不妨也一起聊聊，了解王建民的特質，讓孩子懂得「冷靜」的必要。

第一手觀察他的記者報導說：「王建民真的很安靜。雖然他不多說話，事實上他都在觀察，而且觀察能力一流。」「王建民對周遭環境非常注意且默默吸收。這種雖不多話卻善於觀察的能力，使他可以在最難生存的紐約洋基隊獨善其身。」

記者的報導還說：「當別人說他該這樣該那樣的時候，和投球有關的他會聽，和投球無關的就未必。在一個荊棘遍布錯綜複雜的環境中，他像是一道冷泉，流得靜，流得深，流得遠。」

球場上沒有常勝軍，如何在勝敗之間生存、超越，王建民時常在對大眾「提供」著他的經驗。

讓大自然來幫忙

英國著名的社會與教育學家赫伯特．史賓塞（Herbert Spencer）曾說過，大自然是最偉大的老師。他在著作中指出，父母不應該放過大自然更替變化中的每一個良辰美景，這些對孩子心性的成長非常有益。

「大自然天然的和諧與律動的節奏，有時連成人也會忽略，但孩子不會。」他說：「所以，很多孩子不願待在家裡，總是想方設法地要求大人，把他帶到色彩和聲音都更豐富，環境和空氣都更好的地方。他反而會從煩躁中安靜下來，從沉悶中興奮起來。」

史賓塞建議，定期和孩子一起去感受大自然：一片星空，一輪明月，一座樹林，一道河灣。

也可以每月選定一個「自然日」，和孩子一起在大自然裡放鬆。不管考試成績如何，得到獎勵還是批評，僅僅就是和孩子一起放鬆，告訴孩子：我的頭放鬆了，我的臉放鬆了，我的脖子放鬆了，我的手放鬆了，我的腳放鬆了，我的呼吸放鬆了，我的頭腦也放鬆了。

然後是：我看見，我聽到，我感受到。

父母自己也要幫幫忙

希望孩子不浮躁，父母自己先得不心浮氣躁；希望孩子安靜，父母自己先要示範安靜的可能。總不能自己老是靜不下來，卻要求孩子乖乖靜下來吧？

「在急促紊亂的腳步中，孩子一定很難領受到安靜的滋味。所以，在繁忙的生活中，為孩子示範一種穩定安詳的生活態度，是帶領孩子體會安靜的好方法。」蔡穎卿說：「我相信，在這樣的環境下長大的孩子，也比較有穩定自己的力量。」

她兩個女兒的成長經驗，使她深深感受到這些力量的綿延。

她說，生活是一種循環，父母親當然要有同樣的體會，從安靜中再生每天需要的新能量，才能帶來好的生活品質，以供應家庭的精神之需。

延伸到其他大人，也是一樣。「老師與父母相同，穩重安靜的心情與神態，通常可以贏得愛戴。我相信，如果父母師長希望孩子聽話，自己的心情無論如何都得先安靜下來，才會有引導的力量。」

體會「動中有靜，靜中有動」

示範：張蓓怡、沈家齊

大家都玩過「一、二、三，木頭人」吧？這可是很明顯「能動也能靜」的遊戲。現在，為它添上些律動色彩吧！不是誰抓誰，而是號召家庭親友一起來「跳舞」，當喊「一、二、三，木頭人，停！」時，看看彼此在「定身」時做出什麼樣的姿態。可以輪流發號施令，也可訂出新規則。比如，這次喊「停」時，一定要盡可能靠近彼此，但又不能互相碰到；或者，下次喊「停」時，要出現「地板動作」喔。

在跳動之間，能夠瞬間找到定點，立定時又能馬上保持平衡，可以鍛鍊「如何在動中，又能很安靜、很專注、很集中地控制自己的身體」。

如果是一個人，也可以好好愛自己，讓身心在「動靜之間」重新獲得能量。

試著用身體來「畫圓」吧！想像頭頂上有一支筆，身體各個部位都可運用這支筆來畫圓圈。過程中，主要是運用呼吸來調節。一吸一吐是「一息」，在一息之間畫一個圓。

「畫」到中途時，如果覺得身體哪一部分比較緊繃，可以稍微停留在那裡，試著把那部位更放鬆，用呼吸去化解它。

漸漸輕鬆自如之後，可以想像空間中有一張大大的白紙，你用身體來作畫，畫出各種不同的圓，大的圓、小的圓、快的圓、慢的圓。沒錯，你找到了自己的身體，也舞出了舒服的「動靜之舞」。

發揮創意跳

雙腳跳、單腳跳，也可以發揮創意，發明自己的方法跳跳看。比如用「一隻手、一隻腳」停下來，或者「三隻腳」（雙手加一腳）停下來。

用身體畫圓

脖子、肩膀、手肘、腰、胯下、膝蓋，不用急，慢慢來，放個舒緩的音樂配合也很好。

雲門教室身體小宇宙

假如巨人格列佛的身體可以溜滑梯……那會是什麼樣的情景？這是陪伴孩子靜下心來的呼吸遊戲。掃描 QR-code，跟隨雲門教室老師的聲音引導，一起來玩吧！

第 5 課

專注

「好好生活」的能力

專注，是選擇與堅持，是對目標的擇定、貫徹，與全心一意。

有沒有覺得，現在的孩子聰明有餘，但專注不足，

會不會覺得，現代的環境與節奏，讓人撩亂、匆忙，難以定心、專注。

有沒有發現，當一個人專注時，不論是大人、小孩，都好美、好亮！

讓我們一起找回專注力，那不只是競爭力，也是好好生活的能力。

給感官「專注」的機會

楊照

我很少遇到不經任何提醒、任何訓練，就能夠清楚領會巴哈音樂的人。是否領會，有很簡單的檢測方法，放一段巴哈音樂，問問自己：我聽到了其中幾個聲部？幾條旋律線？

巴哈音樂最大的特色，就是用超過一個聲部交織遊走，聲部旋律既可各自獨立，又以精巧對位的方式混同。如果聽不出各個聲部上上下下的曲折變化，怎麼算是聽到巴哈音樂了呢？

然而，換個角度看，我幾乎沒有遇到過任何一個人，願意花一點點時間讓自己進入巴哈音樂，卻無論如何聽不出多聲部關係的。進入巴哈音樂很簡單，給自己一段專心聆聽的時間，專心捕捉音樂裡的不同聲部，可以先追索高音聲部，然後再來一次，轉而跟隨低音聲部，然後再來一次，提醒自己同時聽到高低兩條旋律在互動飛舞。

這樣聽過之後，巴哈音樂變得不一樣了。事實是，所有音樂都變得不一樣了，豐富的多聲部變化在你耳中清楚呈現。或許那都是你從前聽過、甚至自以為聽熟了的音樂，現在它們分進合擊，依照不同聲部配合，對你傳遞很不一樣的訊息。因為，你的耳朵，你的聽覺不一樣了。

所有的人，都有能力換一對聽音樂的耳朵；所有的人，都有能力換一雙看色彩與形象的眼睛，只要你給你的感官「專注」的機會。

不專注時，我們的感官沒辦法充分打開，或者該說，我們的意識無法照顧那麼多不同感官同時受到的刺激，它手忙腳亂忙不過來，結果哪一邊都照顧不好。

專注，先要不貪心。這一刻，我只做這件事，我只讓我自己和那麼大的世界，發生如此有限的一點關係。這一刻，我的身邊就只包圍著巴哈的一首二聲部鍵盤賦格曲，除此之外別無其他。我可以、我願意減省自己到這種程度。

接著，專注會以你想像不到的豐沛經驗回報你。一首兩分鐘就演奏完的賦格曲中，原來藏著那麼多東西。反覆一次又一次，你遺忘了外面那個紛擾的世界，因為你在兩分鐘的音樂中，發現了一個過去從來不知其存在的世界；更重要的，你發現了自己內在從來不知其存在的情緒與感動。

專注，讓我們和自己單純地相處，讓我們發現自己的潛能。

—身體芬多精—

專注，讓生命有了亮點

「想像一下，現在四周是暗的，我的手像是一道光，你要用眼睛、用身體，專注地跟著它喔！」

孩子們的眼睛發亮，隨著那道「光」的變化，專心一意地用身體舞出各種姿態。這時候的他們，個個像是閃著晶亮光芒的小精靈，攫住了其他人的目光。

用專注，來面對人生棋局

臉上有紅色胎記的周俊勳，小時候總是被同學取笑，沒有玩伴的他，轉而「專注」於圍棋的黑白世界裡，努力、堅持，在多少次輸棋後仍能步步前進。二十六歲在韓國LG大賽拿到世界冠軍，成為圍棋界第一個土生土長的「臺灣之光」。

即使人生幽微時刻，只要專注以貫，也能走出黯淡，找到自己可以發光發熱之處。

「要專注，才能下得好。」周媽媽蕭錦美一語道破。周俊勳是從背譜做起，那一篇篇前人對戰過的棋譜，密密麻麻的棋子布局，小俊勳一目一目黑白分明的記在腦海裡。不專心，是背不住、做不到的。

圍棋界人士並不完全贊同這樣的作法，但周媽媽認為，這對周俊勳是很好的基本功。就如同有些父母教孩子自小背詩詞、文章一樣，那朗朗記誦，讓孩子潛移默化間有了好的文學底子，甚至有了好的典範。而記譜萬千的棋王，胸中兵書飽讀，就看他每次對弈戰局，如何凝神運用了。

每個孩子有每個孩子的個性，對於專注，可以有各自適性的、不同的磨練方式。但不能否認的，面對人生這盤棋局，面對社會競爭戰局，「專注力」是不容忽視的關鍵能力。

尤其現代環境的節奏，是多麼會令人「分心」，多麼不容易「專心」啊！電視搖控器在手，幾十個頻道彈指間瞬間切換，別說孩子了，就連大人的「耐心」也變成以秒來計算，還沒看清楚內容呢，很快就去找另一個更「新鮮」的。

就算「固定」在一個頻道，看一段電視新聞，想了解這天的各地大事，結果，新聞台像是怕你轉台，迫不及待地同時告訴你許多訊息，又是跑馬燈，又是即時快訊，又是子母畫面等等，上下左右「琳瑯滿目」，令人眼花撩亂，不分心也難。

至於這個社會，更是充滿了多元的選擇，快速的步調，嘈雜的聲音……專注，因而更顯難得可貴，以及必要。

品格教育第一章：專注

專注力，包括了對目標的擇定、貫徹，與全心一意的能力。

專注，並不是狹隘地指「讓孩子乖乖坐在桌前專心看書或寫功課」，而是廣泛地包含了自我紀律、尊重、毅力等良好品德，以及讓孩子學習如何過生活，如何做事情。

位於臺北市新生南路上的龍安國小，這幾年有感於品格教育的重要，好幾位老師主動搜集教材，費心討論，研究教案，從低年級開始，為孩子們上起品格教育。這套自國外引進臺灣的教材，開宗明義第一章，就是專注。

「專注，是學習之母。」曾帶領品格教育小組的黃正芬老師如此形容。但是，專注要如何「教」呢？

龍安國小運用的教材裡，相當活潑而具體的來讓孩子學習專注。譬如，書中以「白尾鹿」（外國如此翻譯，近似臺灣的梅花鹿）來做專注的代表動物，告訴孩子們：「白尾鹿是否能專注，決定了牠的生死存亡。牠的眼、耳、鼻，無時無刻不保持高度的警覺……如果不專注，就可能被豹、狼捕食。」

書中清楚地訂出幾項「我要」做到的事，讓孩子們有所「目標」，明確地學到、做到專注是什麼。這些「我要」，涵蓋了：「我要看著對我說話的人」、「我要端正地坐好或站好」、「我要避免讓我的眼、耳、手、腳、口做分心的事」等等。

要讓孩子知道，他做到這些專心，不只是對他人、對自己的尊重，也會鼓勵對他說話的人，包括正在講台上對他講課的老師。

同時，龍安國小的老師們也用心設計了口訣、唱遊、勞作等，讓孩子們快樂自在的記住和運用專注。

家長的收穫

別以為「專注」對低年級的孩子來說太難了，他們可是給家長帶來了驚喜。

「那天我們家老大做了件事，結果，老二就對他說：『哥哥，你要專注啊，你要看著跟你講話的人啊！』」一旁的媽媽好驚訝，弟弟竟然會說出這麼懂事的話，但她心想，自己並未如此教過他，也沒買這樣的書給他，這孩子是怎麼學到的？

探問之下，才知道是學校裡品格教育教的，她才「恍然大悟」，原來孩子最近「寫功課確實不一樣了」，應該也和這有關吧！

經常有「恍然大悟」的家長來向黃正芬等老師道謝，道出他們的「收穫」。還有位媽媽說：「我管教孩子從來沒有這麼輕鬆過。」以前，盯孩子寫功課，總是從好言相勸到怒目相向，最後成動手動腳。如今，她只要問孩子：「你什麼時候寫完？」再頭尾稍微關切一下，每天就大功告成。

專注，不只在課業上，也可以在生活教育裡發揮有趣的影響力。

黃正芬會跟學生們討論說：「上課要專注，吃飯要專注，大便的時候是不是也要專注啊？」孩子們大笑聲中，她繼續告訴他們，上廁所時要「專心」，要「對準目標」，做到了，便池周遭是不是就不會弄髒，廁所也就能保持乾淨，讓進進出出的人都很愉悅。

當然，教孩子學專注的過程中，也會有磨合期，孩子們自己還沒做好，就先去糾正別人「專不專注」。但漸漸地，在老師的引導下，孩子們會彼此激勵，相互提醒。

甚至老師們還覺得「其實最大的收穫是自己。」黃正芬微笑說，像品格教育小組在討論時，難免也會有意見不一或爭論的情況，「這時我們就把『專注』用出來，提醒自己『不要做令我們分心的事』、『別人說話時，要專心聆聽，不要插嘴』。」

「專注」真的就像一道亮光，在雜沓中找到靜定的力量，在紛忙中尋到正確的指引。

有意思的是，大腦的運作似乎也呼應了這點。從ｆＭＲＩ（功能性核磁共振造影）的大腦掃描技術可以看到，當腦中哪一個部分在思考，或在強力運作時，「那一部分就會出現亮點。」曾在美國華盛頓大學大腦科學中心任職，後擔任過早療課程設計推廣協會治療師的羅文遠指出。

那閃閃發亮的大腦，每個部分各司其職，各有聯結，也都涉及到專注力的運作。譬如，枕葉的視覺區接收到眼睛所看到的，會決定接下來要送到哪一區去處理，「如果解讀錯誤，它就會送錯地方，處理起來就很吃力。」羅文遠比喻說，「專注」可以讓大腦神經系統找到正確的方向，走對路。

閱讀可活化大腦

不少研究和學者都已指出，閱讀有助於活化大腦。在神經科學著力甚深的中央大學榮譽教授洪蘭，曾在文章中說：「閱讀可以增加神經連接的密度，加強神經迴路的活化。」她和夫婿曾志朗，長期在各地推動閱讀，尤其是偏遠地方的孩子們，讓他們也能擁有閱讀資源。

曾任教育部部長的曾志朗自己極愛閱讀，除了專業書籍，「我每天都在看小說。」這是他從小就有的習慣，小時候看《七俠五義》、《西遊記》、《封神榜》等經典小說，後來看外國推理小說、東方武俠小說。

何以自小就對閱讀產生興趣？曾志朗說，因為常到一個同學家玩，對方的阿公很有學問，家中擺滿了書，他受到吸引，也開始翻開一頁頁書中天地。「環境中有書很重要，不管是在家裡，還是在常到的地方。」

曾經在龍安國小三年七班的教室裡，一落落書櫃中井然有序又豐富的書，規模儼然超過外面的安親班，這都是當時擔任導師的楊淑娟提供的。「給他們環境和時間，幫他們培養興趣。」她笑說：「不要低估孩子的能力喔，連《白鯨記》他們都會拿來讀。」

除了用眼睛讀，她也讓學生用「整個人」來讀一本書。有本書叫作《標點符號歷險記》，書中每個標點符號都有其鮮明的個性，就像每個人一樣，而陪孩子們讀完之後，她讓大家分組演出標點符號的歷險，並邀家長們一起參與，最後完成一場同心協力的正式表演。看著學生「投入」角色，努力展現其特質時的那種「專注」，楊淑娟一談起來，眼神便透著欣喜與感動。

專注是很迷人的。曾志朗看書時表情豐富、沉浸其中的「渾然忘我」模樣，曾讓不識字的母親也想走進他「眼前」的世界。同理可證，他說，父母親專心閱讀的表情，專注做事的樣子，也會吸引孩子，影響到孩子。

專注，不只是競爭力，也是感受生活、品味生活的能力。

當今臺灣能享譽國際的藝術家，朱銘是數一數二的一位。他的長媳林珊旭記得，自己初次到朱家，見到這位藝術大師的第一眼，是他坐在池塘邊，正在吃番茄。他一口一口的，家常卻專注，彷彿吃到了番茄最真滋味的神情與過程，令她印象深刻。「我第一次看到，有人吃番茄可以吃得這麼『好吃』，這麼津津有味。」

「看一朵花，看一場電影，他做什麼事都興致盎然去面對，即使吃飯這種每天都要做的事，他也會認真看待。」成為朱家媳婦後，林珊旭更時有體會：「他對生活中的每一個小細節，都可以活出很大的興味來。」

從只有小學學歷的雕刻師傅，到以「太極」、「人間」等磅礡作品揚名各國，令無數人讚嘆的雕塑大師，朱銘的成功，從他對生活的態度，便可知這一路的引領。

專注，就在當下，心無旁騖。人生的燦爛，生活的樂趣，會對你聚焦放光。

關於專注，原來如此

關於專注，原來男女有些不同喔！

洪蘭教授翻譯的《大腦的祕密檔案》指出：腦造影研究顯示，男性和女性使用大腦的方式不同。做一個複雜的心智工作時，女性會把兩邊腦都叫來一起工作，而男性只用最適合這項工作的一邊大腦。

這種激發大腦型態上的不同，顯示女性對生活的視野較廣，做決定時會將較多的情況納入考量；男性則較為專注，不易分心。怪不得，女生喜愛逛街，買東西總要貨比三家；男生則選定目標，買了就走。

有沒有想過，專注可能有助於減肥喔！

從小爸媽就常叮嚀：「吃飯專心點！」長大了，我們還是應該這樣提醒自己。尤其現代人工作忙碌，常常邊吃飯邊做其他的事，囫圇吞棗吃完，雖然東西吞下肚了，但你的大腦可能因為你吃飯時在忙別的事，根本「沒空」意識到自己已經吃飽了。等到忙完了、放鬆了，沒有「飽足感」的你又想吃東西了，於是又找食物吃。久而久之，不胖才怪。

那麼，日常生活中要如何培養專注呢？不妨從呼吸做起。找個空檔，專注於自己的一呼一吸，隨著吐納漸漸深長，用以凝聚心神，不但益腦，也可減壓。

總之，懂得專注，對健康也大有幫助。

打開繪本，讓專注「活」起來

——專訪繪本媽媽莊世瑩

這些年來，臺灣書市繪本出版蓬勃，不論外國譯本或本土著作都相當精采。懂得善用繪本，對孩子的專注也大有幫助。

「讀繪本給孩子聽，就像大人與孩子手牽手，一起進入一個很棒的故事世界。」莊世瑩說：「這時候，孩子一面用耳朵在聽，一面用眼睛在看，聽覺與視覺同步在整合，邏輯能力也在醞釀發展。」等於是讓孩子學習「耳到、眼到、心也到」。

莊世瑩，育有兩個兒子的「王媽媽」（夫婿是人類學學者王嵩山），曾擔任臺中「小大繪本館」的義工媽媽，常到各地為孩子們讀繪本，為大人介紹繪本的好處。

小兒子還小時，她曾到他班上讀繪本給大家聽。沒錯，小小娃兒一開始哪能安分的坐著，其中一個已看過不少繪本的小男生還側著身，一付「我早看過」不屑一聽的模樣。於是她不慌不忙地說：「但你一定沒聽過王媽媽唸的，對不對？來聽聽看王媽媽唸的，和你自己看的有什麼不一樣。」

幾次之後，那個小男生從側著身，到漸漸轉過身來，到最後總是直著身專注地聽她讀繪本。甚至有一次門外有別班孩子喧嘩，只見他迅速衝出去說：「王媽媽在說故事，你們不能小聲點嗎？」

「素樸」的讀繪本

不要小看孩子的接受能力，就看大人有沒有給他們好的引導。

莊世瑩形容，自己讀繪本的方式是「很素樸」的，沒有花俏的道具、誇張的語調，只是全心投入，展現繪本的原汁原味。從封面、作者、內容，一步一步介紹，讀出一字一句，也把書輕輕轉向各角度，讓每個孩子都可看到。

「人的聲音是有溫度的，每個大人的詮釋，自然會讓孩子感受到。」她認為，太花俏的方式，反而會讓孩子失去讀繪本的「重心」。

譬如，一本講裁縫師的故事裡，當書頁出現裁縫機時，有的讀故事者可能會說起自己小時候看過阿婆踩縫紉機，或是高聲詢問孩子們的相關經驗。莊世瑩認為，這其實「打斷」了對一本書的閱讀。

「沒有『中斷』，可以讓孩子全心全意投入這個故事的世界。」莊世瑩說：「『從頭到尾』把書讀完，也等於對孩子展示『專注』是什麼。」

從頭到尾，沒有中斷，全心全意，不正是專注嗎？「你把孩子帶入那情境中，他會用全身的細胞去感受。」

同時，這過程中也在學習傾聽別人的聲音。「這個社會好像常常在比大聲，這樣的氛圍也會影響到孩子。」莊世瑩說：「其實重要的是，如何把事情說清楚，如何真心的表達和傾聽。」

她到各種場合為孩子們讀繪本時，嘰喳吵鬧的場面免不了，她笑言，已練就「泰山崩於前」也不受影響的鎮定能力。有時，她會對孩子們說：「王媽媽一個人的聲音，一定比不過你們這麼多人的聲音，不過，先給我十分鐘好嗎？讓我們先一起進入好聽的故事裡……」

她不否認，這需要花時間，需要一次一次努力，但孩子們終究會感受到「專注」的可能與魅力。

用溫暖的聲音帶領孩子

現在的孩子擅於表達，也愛發表意見或經驗，「孩子們七嘴八舌，想到什麼講什麼。」這是她常碰到的情形。不過沒關係，她告訴孩子們：「王媽媽一定會留時間給你們發表看法。現在，先聽王媽媽說故事……」大人有耐心，孩子們也會學到耐性。

回到家庭裡，親子共讀繪本，正是培養專注的極好方式。爸爸或媽媽陪著孩子，一頁一頁翻著、讀著，即使還不識字的小小孩，也可以這麼做。別忘了，孩子在媽媽肚子裡時就已經會「聽」了。就讓大人溫暖的聲音，帶領孩子進入一頁頁優美的篇章裡。

莊世瑩鼓勵「素樸」讀繪本的方式，也是因為可讓家長「容易上手」。不用覺得自己要先學會說學逗唱，或是買手指偶等道具才行，其實只要準備好「自己」，就能讀故事給孩子聽。

莊世瑩的大兒子在英國讀小學一年級時（因夫婿在牛津進修而全家旅英），當地的老師也是如此素樸而誠懇地讀故事書給學生聽，令她印象深刻。「成人透過這樣的方式，讓孩子知道什麼是專注，孩子也才有辦法全心投入你帶他去的美妙世界。」

當然，隨著年紀不同，孩子能維持專注的時間長度也不同。「不用急，不用嚴格，

也沒有非一定要做到怎樣的規律。找出孩子喜歡的主題和題材，不論怎樣，都給他正向的讚美。」莊世瑩提供自己的經驗。

大人能夠「專心」對待孩子，持續去做，孩子也會以專心回報。「專注」自然會「活」在你們的生活中。

在雲門，專注就這麼發生了

「老師，我們家寶貝今天好不好？棒不棒？」雲門舞集舞蹈教室「生活律動」課一下課，常有家長這麼問。

「他很棒！他今天很努力在找他的身體。」曾是資深律動老師的夏光如總是這麼清亮地回答。她知道，有時候家長指的是孩子專不專心、守不守規矩，但只要孩子用心去探索自己的身體，那就是受用無窮的「棒」。

而專注這件事，也在孩子探索、舞動自己身體的過程中，自然而然發生了。

當靜坐時，一個個娃兒輕閉眼睛，感覺自己像一棵小樹，專注在「輕輕吸氣進來，再輕輕吐氣，吸進來涼涼的氣，呼出來熱熱的氣……」；當模擬動物時，想像自己是隻老虎，前方有隻兔子，你如何步步前進，順利捕捉到牠。

「喔，你這隻老虎的腳步聲太大了啦，食物會跑掉的。」孩子懂了，觀察其他隻「老虎」的動作，「收縮」自己身體的某些部位和力道，眼神也集中了，變得目光炯炯。哇，真是隻漂亮的老虎！當孩子如此做到時，連老師都忍不住對他的專注大聲讚嘆。

觀察與感受

觀察、感受、控制、集中，孩子正在遊戲間領會著。「想像的專注，目標的專注，身體的專注，都在發生。」夏光如說。

「專注這件事聽起來很嚴肅，其實可以用很輕鬆、很有趣的方式讓孩子學到。」雲門教師群中資深的「孩子王」朱光娟說：「他想要做到，願意把熱情放進去，就是一種專注。」

專注，可以是一個人的專注，也可以是人與人之間的專注。

「手舞腳舞」這堂課，孩子們彼此以食指輕觸，一方前進，另一方隨之後退，一方移動輕舞，另一方隨之移動，忽高忽低，可上可下。不專心於彼此，可就會「漏失」對方。隨著音樂節奏的快慢，專注的彼此會發展出相當「曼妙」的姿態或舞步。人際之間，不也是如此嗎？

「傳球樂」、「聲響工廠」等課，更需要「團結」的專注。專心地、穩穩地掌握住節拍，球才能順利傳到對方手中，「工廠」裡的每一分子才能合力完成一項產品或一件工程。

這一切，沒有明明白白的說專注，卻讓孩子們清清楚楚的學到專注、運用專注。「一堂五十分鐘的課裡，孩子們要聽，要看，要用身體去做回應，孩子若不專注，是做不到的。」「生活律動」幼兒課程教案研發召集人、曾任北藝大副校長暨教務長的張中煖說。「所以，真的要給孩子們拍拍手。」尤其，愈小的孩子能維持注意力的時間愈短，十分鐘差不多就是他們的「極限」。因此，大人也不用急，要容許孩子有「鬆散」的空間。

傾聽與注視

很多家長對雲門老師印象深刻的是，她們總是蹲下來，望著孩子的眼睛，和孩子一樣的「高度」說話。

這也是一種專注，發生在教室外的專注，也是雲門相當重視的。當大人用同樣的

「高度」傾聽和注視，其實也是在幫助孩子和自己「專注」。

不要忘了，孩子有著和成人不一樣的「高度」。夏光如老師笑著說，為什麼小孩子被大人牽著去逛街時，常常走沒多久就要大人抱？這時候別怪孩子懶，不肯自己走，想想看，以他的高度，看到的都是大人的腿，卻看不到大人看到的東西呢。

專注，有時也會發揮令人意想不到的影響。朱光娟老師班上有個五歲女孩，上了一年多「生活律動」課，「非常專心的孩子，上課時，她的臉都一直向著我，很投入。」有一天，小女孩的媽媽向朱光娟問起，她才知道，這孩子在幼稚園裡會出現突然大喊、東張西望，自己無法控制的異常舉動，到醫院檢查後，發現是一種罕見疾病，無藥可根治，醫師的建議是：「找出她最喜歡的事，讓她多做。」

但在雲門的課堂上，朱光娟從來不曾見到小女孩有那些異常舉動。「她的專心，蓋過了她的病。」朱光娟佩服地說：「當人專注時，是可以突破身體的限制的。」

小孩如此，大人何嘗不是。六十幾歲的老人家上完「生活律動」熟年課程，好舒服地告訴老師：「我好像忘記了我的年紀，忘記了我的腳痛。」祖母輩們走過人生大半段行路，身上難免有些病痛不適，但專注在課堂上「律動」，歲月在身上留下的記號彷彿不復存在。

意志力與定力

同樣地，「看他們站樁和收功，很感動！」朱光娟走過武術課的教室外，常往裡面望，自己也是好動習「舞」之人，知道練「武」時的站樁，沒幾分鐘就可能大腿發顫，又痠又痛。

「注意力不是放在你的痠與痛上，而是放在呼吸和身體的協調上，那才能站得住、站得穩。」專注，也是一種意志力和定力的展現。

「無論如何也要撐住。」從小學五年級就上武術課，現在已是大男孩的王以行說：「站樁雖然很累、很痛，但這是很重要的基本功。」也練跆拳道的他，還能清楚做出比較：「跆拳主要在動，在快速攻擊。武術則要學會能動也能靜，重心下沉，靜的時候拳頭也能同時在動。」

動靜之間，唯專注能予掌握。無論大人、小孩、少年、老人，當專注時，都是非常美的。「你想不看他都不行，就是會被他吸引住！」夏光如這麼形容班上的孩子，在專注的用身體表達出一個主題時，「他的身體就是一支筆，畫出彩色的世界。」

「當孩子專注時，你會感覺到一種力道，那力道會放出光芒，吸引住你。」張中煖也說，就像舞台上的表演者，何以有些「明星級」人物可以匯聚住觀眾的目光。

當然，專注不僅「對外」，也是「對內」。學著覺察自己的身體，那更是一種專注的長期陶冶。「從小有這樣的育化，可以成為一生都保有的能力與智慧。」張中煖點出箇中深意。

如何幫助孩子培養專注力

TIP 1 讓孩子知道專注的力量

很多人小時候都玩過這遊戲，在大太陽下用放大鏡聚焦，可以點燃紙張或乾草。這就是「專注力量大」！不妨從這裡入手，教孩子什麼是專注。

赫伯特．史賓塞就是這樣告訴小史賓塞：「太陽光有熱量，鏡片把光集中在一點上，然後長時間照射，因而把草點燃。」接著他說：「這個道理在很多地方都可以用，人也可以。只要把注意力長時間地集中在一件事上，就會產生意想不到的效果。比如，你想記住好朋友的生日，只需要集中注意力在腦子裡想幾遍，就行了。」

小小孩開始對專注有了「啟蒙」。

TIP 2 讓孩子體會專注的快樂，然後建立習慣

小史賓塞喜歡觀察螞蟻，有一次，史賓塞花了近一天的時間陪他，從查資料到製作卡片等，完整地搞清楚「螞蟻世界」，孩子既投入又快樂。

此後，他經常讓孩子練習「一段時間只做一件事」。一本書沒有看完，不去看第二本，除非他決定放棄；一幅畫沒有畫完，不去畫別的；做一件事時，不想其他的事……

漸漸地，這孩子總能從專注地做一件事中找到樂趣，少了浮躁。「當然，我也不去限制他對其他事物發生興趣，但總鼓勵他在一段時間做一件事情，或對一個東西感興趣，並把它澈底弄明白。」史賓塞說：「一旦形成了專注的習慣，孩子的心智潛能是非常巨大的。」

TIP 3 從孩子的興趣開始，「誘導」他專注

《史賓塞的快樂教育》書中指出，專注是與孩子本能的好動、喜新厭舊相矛盾的；

另一方面，專注又時常表現在孩子感興趣的事情上。因此，需要透過「誘導和重複」，來幫助孩子養成專注的習慣。

他的建議是，一開始應該選擇孩子感興趣的，而不是父母感興趣的事，這樣做會容易得多。而閱讀有益於專注，可以善用「誘導」來勾起孩子的興趣。比如，先說故事的起頭，把懸疑的部分「保留」，孩子「想知道更多，就去翻書囉！」

TIP 4 不要手伸得比孩子還「長」

「媽媽的手永遠伸得比孩子還『長』！」在早療協會協助解決孩子心智發展狀況，羅文遠看過很多親子相處，覺得現代媽媽往往過於呵護，快速地為孩子「解決」問題。

譬如，當孩子仍在慢慢穿鞋子，做媽媽的也許是疼孩子，也許是沒耐心等候，一個箭步上前，蹲下來就幫孩子穿好了鞋子。其實，媽媽已剝奪了孩子「專心做好一件事」的機會。

「現在常聽到人說孩子『好聰明』、『好鬼靈精』。那當然，他們營養好，資訊足，知道的事情也多。」羅文遠說：「但現在的孩子也不像以前，需要『費盡心力』去獲得什麼或完成什麼。」而後者對專注力是很有影響的，那代表設定目標，專心一意地達成。如果總有人先幫他做好，或總是快速地滿足他、催促他，那他要如何學會專注呢？

TIP 5 不要局限在靜態的專注，「動」的學習效果更好

專注，不只是腦袋的事，更是整個身體的事。不乏研究和學者指出，遊戲（或說運動）是最好的學習方式。

在《見人見智》一書中，曾志朗就說：「老師、家長應該以正確的態度來看待孩子的遊戲，千萬不要以為他在浪費時間。」

洪蘭也指出，運動可增加大腦血流量，使神經細胞得到所需的氧與養分。運動同時活化大腦回饋系統，增加多巴胺的活化，帶出正面的情緒。

所以，我們不只是動身體，也是動「腦」，不論學習什麼，都有幫助。不要以為孩子坐在書桌前「乖乖不動」就是專心，也應該讓孩子「專注」的動！

—自在動身體—

輕鬆學專注

示範：鄭家馨、鄭皓綸

不論孩子或大人，都會經歷「分心」、「走神」的時候。神奇的是，當身體動起來時，反而更容易「專注」。

尤其在團體活動中，如何透過具體的引導，讓注意力自然地回到當下？最能吸引大小朋友的事情，非「說故事」莫屬了。而且，故事不僅可以用嘴巴說，也可以用「身體」表達喔！

主持人（像是父母、師長，或年紀較大的成員）可以對「一號選手」（小朋友）悄聲說出一個情境，或一段小故事，然後，請他利用身體表現出這個故事，並讓其他人猜猜看他在「說」什麼故事。

猜測答案的過程中，往往充滿笑語。什麼？是這個意思嗎？「一號選手」被整了嗎？沒關係，現在換「一號選手」說故事了……

除了用身體來「說故事」，加入道具來互動，也能讓「專注」這件事變得更加輕鬆有趣。來看看還有什麼遊戲吧！

投籃遊戲

1. 將報紙捏成球狀，再用絕緣膠帶纏繞固定，做成「籃球」。
2. 大朋友用身體做出各種「籃框」（例如：雙手高舉成圓圈、身體呈拱橋形），
3. 小朋友嘗試將紙球「投進」這些籃框，可要很專注地瞄準喔！
4. 平時較少運動的大朋友，記得要先暖身，免得不小心閃了腰。

跳跳呼拉圈

1. 把不同顏色的呼拉圈放在地上。
2. 參加者一起原地跑步。主持人喊「停」並指一個顏色（如：「藍色！」）
3. 參加者要迅速跳進該顏色的呼拉圈裡，單腳站立二十秒。
4. 過程中，看誰比較專注，包括專心「聽」，以及專心讓自己「不倒」。

神奇襪子球

透過簡單的「襪子球」的遊戲，可以檢視孩子的大小肌肉動作靈活度和控制能力。掃描 QR-code 觀看影片，一起捲襪子、夾住襪子、投擲襪子，真好玩！

第 6 課

跌倒

「跨越關卡」的能力

教跌倒？是的。因為，不懂跌倒，就不懂爬起。

人生的路很長，要摔的跤多著，爸媽不能都在身旁，幫著打地板。

跌倒時，往往也在考驗著，我們如何看待自己的跌倒。

對孩子，要教跌倒，鼓勵他們不要怕跌倒；

對年長者，則要防跌倒，鼓勵他們練就靈動的身體，來面對容易跌倒的年歲。

—身體的記憶—

最早的跌倒

蔣勳

記憶裡有一個鮮明的印象——

我剛會走路，在一個日式榻榻米房間裡，許多人圍著我，有爸爸、媽媽，好像還有姊姊、哥哥，人很多，或許還有我不認識的鄰居，黑壓壓一屋子人，都看著我。他們圍坐在榻榻米四周，空出中間一塊空間，媽媽在另一端張開兩隻手，向我說：「弟弟，走過來，走過來……」

我爬在榻榻米上，看著這麼多人，有點害怕，但是也看到媽媽，看到媽媽張著手要抱我，我因此努力站起來，站不穩，搖搖擺擺，才向前走一步，就跌倒了。

我聽到有人驚呼，有人大笑，有人拍手，我抬起頭，看到媽媽仍然張著手，跟我說：「不怕！不怕！站起來！」

我於是又撐持著上半身，看到黑壓壓一群人，有一點害怕，但是媽媽始終張著手，要等我走過去。我試著用膝蓋頂著榻榻米，身體撐高，慢慢放手，重新站起來。

「好極了，不要急，站穩了，慢慢走！」我又聽到眾人笑鬧聲裡非常清楚的母親的聲音。那個聲音那麼清楚、那麼穩定，幫助我從跌倒爬起來，幫助我站穩，幫助我跨出一步，兩步，三步……

那是我人生最早的行走，最早的跌倒，最早從跌倒學習重新站起來。

我很幸運，一直有母親的聲音陪伴著我，有母親一直張開雙手等待我、安慰我、支持我。好像讓我知道，無論我走得多麼搖擺緩慢，無論我跌倒的時候多麼難看、多麼挫折，她都一樣笑吟吟看著我。

她沒有失望，沒有責備，她也沒有慌忙趕過來扶我、抱我。她相信我一定可以自己站起來吧，她相信「跌倒」是站起來必須的過程。她知道，沒有「跌倒」，不會有穩定的站立；沒有「跌倒」，也不會有穩定的行走。

我記得很清楚，那個日式房間像一個舞台，圍坐四周的人像觀眾，我是表演者，而我表演的主題竟然是「跌倒」。

我每一次跌倒，就有人放一把尺在跌倒的地方，他們在丈量計算我進步的尺度。有時候連續走好幾步，走得太快，衝力停不住，跌倒的時候全身撲在榻榻米上，臉也撞痛了，又覺得失敗的難堪，忍不住想哭，但是還是會聽到一個聲音那麼溫柔地鼓勵著：

「不痛！不痛！沒關係，再來一次！慢慢起來！」

在那個房間裡，我學會了站穩，學會了行走，學會了跌倒，學會了從跌倒中站起來。

—身體芬多精—

當孩子跌倒時

二〇〇七年的夏季，似乎是「跌倒」的季節。

七月，西洋流行樂天后碧昂絲，在佛羅里達開演唱會，載歌載舞唱得正美妙，卻一跤摔下了樓梯，那畫面還被歌迷放上網路，成為人氣影片。

亞洲小天王周杰倫，在深圳做宣傳，正熱情走向群眾，卻一腳踩空了舞台邊，就這麼跌倒在大庭廣眾前。

雖然很糗，但天后畢竟是天后，天王依然是天王，都很快爬起來，鎮定地繼續唱下去。

陪伴孩子的「跌倒」

對臺灣的孩子來說，人生中第一次重大的「跌倒」，往往也發生在夏天這個季節

——放榜了，但是，沒有考到想念的學校。

雖然大學錄取率已高達九成多，大學不再是窄門，不過在到達那扇門之前，國中升高中的考試仍舊不是好對付的。當成績揭曉，當眾聲喧譁，多少十五、六歲的孩子開始嚐到「挫敗」的苦澀滋味。

七月下旬，有位媽媽在家裡沉默了一天。她那私立名校畢業，但在升高中考試中失利的兒子，幾乎都待在房間裡，同樣沉默。「我們都不太想講話，我覺得我自己也有情緒要處理。」

當新的一天又到來，她卻漸漸覺得：「這時候是關鍵，我不能再沉默，否則孩子會以為媽媽在生氣。」她決定，「這時候，要讓孩子知道父母是站在他這邊的，而不是去追究和指責他這三年是怎麼過的。」

想想，自己以前是怎麼走出挫折的？她在成為全職媽媽前，任職的單位是出了名的要求嚴格，不只一次，寫的東西被大老闆丟出來，她撿起來，躲進廁所裡哭。但她至今仍感念那時的磨練，總在抹掉眼淚時學到：「不要再陷在『我搞砸了』的情緒裡，趕快想想接下來該如何收拾，盡可能想出幾種解決方案，往前走！」

這次，她也要陪著兒子，繼續往前走。「孩子，就好像我們一輩子的功課。」她說。

無論是父母還是孩子，如何學習跌倒，學習跌倒後再爬起來，也是一輩子的功課。只是這功課，用不同的「身分」來「寫」，可能大異其趣。

經常處理親子諮商的身心科醫師許添盛，曾碰過一個例子。有個爸爸教孩子騎腳踏車，老是教不會，他提醒孩子小心別跌倒了，自己更是緊扶著車身怕孩子跌倒。後來，換別人來教，孩子很快就學會了。爸爸問那人怎麼辦到的？「我告訴你的小孩，學騎腳踏車本來就會跌倒啊！」

是的，爸爸得學會適時「放手」，學會「不怕」孩子跌倒。

類似的故事是：一個小女孩學直排輪，爸媽並不怎麼擔心她跌跤，但在爸媽面前，她一跌跤就生氣，愈氣愈學不會，搞得爸媽也被她弄生氣了。有天，到表哥家作客，她隨舅媽學直排輪，竟然很快就學會了。爸媽問舅媽，女孩可曾摔倒？「有！」摔倒時可有耍脾氣？「沒有啊！她很乖、很棒啊！」

爸媽頓時明白，孩子沒有發脾氣的對象，只好開始學習自己「處理情緒」，自己「解決問題」。爸媽不用跟著生氣，只要準備著，幫她敷敷跌倒時擦傷的傷口。

有時候，孩子「跌得怎樣」、「禁不禁得住跌」，做父母的要負些責任。

陪孩子定居紐西蘭、著有《出走紐西蘭》的作家尹萍形容得很妙，有的媽媽看到孩子跌倒，就撲上去吼叫，孩子本來沒打算哭的，看媽媽這麼激動，不哭一場也不好意思了；還有的媽媽會拍打地板，說：「地板不好，害你跌倒，打它！」

看過這樣的例子，她特別提醒自己，當孩子跌倒的時候，先看看他自己怎麼反應，如果孩子沒哭，就對他微笑點頭，鼓勵他繼續往前走，如果孩子哭了，她就慢慢說：「過來我看看，怎麼了？」

「我絕對克制住，不要搶上前去，不要大呼小叫。是他跌倒，要給他一點空間，讓他感覺一下那是什麼滋味，他會反省自己是怎麼跌倒的。」尹萍說：「如果我激動，我的情緒蓋過了他的，他就失去了體會這過程的機會，反而要來適應我的過多反應。」

尹萍有一兒一女，她的經驗是：孩子跌倒後，會回頭看她，再低頭看地，猶豫幾秒鐘，考慮要不要哭。「真摔痛了，他決定哭，是尋求安慰，也是尋求幫助。」她明白，因此「等他走過來，我再看看是要貼ＯＫ繃還是揉揉就好。」

保持冷靜，以及給孩子空間，是她的兩個基本原則。「我固然防止跌倒的事發生，但我也不怕他們跌倒。孩子慢慢就體認到，事情的成敗要由他自己負責，而媽媽也會管好自己，不用他擔心。」她說：「人生的路很長，要摔的跤多著，父母不能都在身旁，幫著打地板。」

關於跌倒，大小有別？

其實，每個人都是在「跌倒」中長大的，想想剛學走路的經驗吧，「學步的孩子可能認為跌倒很有趣、很快樂呢！」許添盛說。

但漸漸長大，人們卻好像愈來愈不能接受「跌倒」這件事。孩子較小時，爸媽總是又親又抱，耐心對待，一點點小事就給予大大的鼓勵；但孩子年齡漸大，爸媽的期望彷彿也跟著孩子的身高一起變高，變得愈來愈常看到孩子的「缺點」，鼓勵少了、要求多了，孩子的挫折感往往也跟著多了。

就像對於「跌倒」這件事，小時候跌，爸媽會問：「有沒有怎麼樣？」長大了跌，爸媽卻說：「怎麼會這麼不小心？」

偏偏，人愈長大，「跌倒」的可能便愈來愈多。競爭、勝敗、困境、壓力，都可能讓人「跌倒」。

「我從小到大，是很有挫折感的。」活躍於媒體的職場達人邱文仁，笑著細數自己一路走來的挫折，包括：自小父母要求高，她的成績也很好，但高中「只」考到第二志願，她拚命念到以第一名畢業，但大學也「只」考到政大，出國念書回來，找工作並不順利，幾段戀情也總是遇到不對的人。擁有「屢仆屢起」經驗的她，以燦爛的笑意說：「我三十歲以前的人生是很『不順』的，但後來覺得，其實有過這些挫折經驗，還挺不錯的。」

因為「跌」的次數多了，她知道會痛，也學會如何去撫平疼痛（如大量閱讀心靈成長書籍、如寫作），更知道那痛「並不會致命」、「終究會過去」，不至於像有些天之驕女（子），一路平順，卻在碰到一個大坑洞時覺得自己跌得「好痛」，而痛一輩子，痛到走不出去。

況且有時候，挫折可能只是因為「不如預期」。「心理學上，會以『落差』來形容。」曾任教於政治大學心理系的教授許文耀說，自己想要達到的情況沒有達到，或是自己不想要發生的情況卻發生了，這其中的「落差」，就形成了挫折感。

「人生中若要事事如意，那是不可能的。」許文耀說，何不把挫折當成一尊佛菩薩，當成上天在提點你：「喂，老兄，停下來想想看吧，是不是你的做法、看法，你的心境、意圖，擺錯了重心？」

跌倒，就是因為重心不穩，或重心歪了。如何能夠在跌倒後再站起來，以及避免跌倒，自然就得「調整重心」了。

邱文仁嘗過這樣的滋味。雖然從小成績優秀，只因為沒有達到父母和自己（往往也是受父母影響）的預期——「第一名」就得考上「第一志願」，因而飽嚐挫敗感。正因如此，她後來一直避免和小學、中學時期的同學聯絡，直到前幾年，她終於參加了和這些同窗們的聚會，重新面對這群昔日的「競爭者」（今日也多是各行各業的佼佼者）。

她發現，以前的自己「一直在跟聰明才智比我高的人競爭，而且我一定要贏。其實，是我執著的事情不對，設定的目標不對嘛！」如今她很高興，自己能和這些老同學「舒服」的相處在一起。「不在『單一價值觀』去競爭，我的人生也變得比較舒服。」邱文仁說。

「第一名」、「一定要贏」，是成長過程中很容易造成「跌倒」的單一價值觀。而父母的適當引導，可以幫助孩子跳脫勝敗迷思，一生受用。

尹萍的兒子高中畢業那年，與他最好的朋友競爭全校第一名，兩人相差在些微之間，由於這牽涉到申請世界頂尖大學的成功機率，她感覺到兒子有點焦躁，得失心大到近乎咄咄逼人。

於是，她找兒子坐下來談，勸他不要這麼急功近利，放輕鬆，做自己比較重要。全校第一名是很好聽的頭銜，但不值得用一段友誼、用違反自己本性的方式來換取，友好而平心靜氣的競爭才有意思，「申請學校的事，我們盡力就是。」

兒子聽進去了，馬上改變心態。最後，他和好朋友並列第一，為校史上首次。她兒子申請到耶魯大學，好友也得到英國劍橋大學獎學金，友誼至今維繫。

「當然，後來他又遭遇多次挫折，而我只能透過email去了解、去關心。在一次重大挫折之後，他寫信給我說：『別擔心，我會想出辦法來的。我不是每次都想出辦法來了嗎？』這話很令我安慰。」尹萍說，她並不是成功的媽媽，和大多數做母親的一樣，是邊打仗邊受訓。

成敗無關「丟人」

她通常是這麼「邊打仗邊受訓」的：當孩子有疑難，她就聽他說，孩子邊說也邊整理思緒，聽完了她只表示同情，不出主意。孩子若問她意見，她先反問：「你打算怎麼辦？」孩子若再問，她才給意見。「我會告訴他我的觀察是什麼。我會強調他的優點，也會指出何處犯錯。」而且讓孩子知道，「他成功，我為他高興；他失敗，卻絕對不會丟我的人。」

沒錯，失敗或跌倒，並不是「丟人」的事。它就是一項考驗，考驗你有沒有找到對的重心，考驗你有沒有再站起來、繼續往前走的本事。

況且，跌倒也可能成為「好事」。「你人生中重大的挫敗是什麼？」「你如何度過工作上的低潮？」諸如此類的，在社會求職時，不論職位高低，都可能被問到。邱文仁說，有的主管甚至會在面試時直接製造「挫折」給你，看你如何接招，如何化解逆境。想想看，這時候是不是跌倒「經驗豐富」的人，愈可能順利過關啊！

愈是避免不了的課題，就要學著愈磨愈亮。「不會因為你愈來愈有名，或你的職位愈來愈高，挫折就會減少。重要的是，你看待挫折的態度。」這是邱文仁的經驗談。

人生這幅風景，總有跌宕起伏，才能成就其中的壯闊美麗。從小孩到大人，都可以造就自己成一幅「耐看」的美景。

記得有一次，雲門「生活律動」課的期末呈現，孩子們蹦蹦跳跳地出來，迎向四周的目光和掌聲。突然，有個小身子「不見了」，咦，怎麼回事？是跌倒了嗎？

大人探頭一瞧，是跌倒了，但不用擔心，那個小男孩在地板上已順勢化身為一隻毛毛蟲，好可愛的蠕動著。

男孩在眾人面前跌倒了，他沒有哭，沒有鬧，沒有害羞的立刻退場躲起來，而是健健康康的，展現他對跌倒的「解讀」：既然在地上了，那就舞出毛毛蟲的樣子，毛毛蟲長大了，還會變成漂亮的蝴蝶啊！

「沒有標準答案，自在展現自己。」被這個機智的小男孩淋漓表達了。

也許，當孩子跌倒時，就從和他們分享「跌倒的故事」開始。譬如，陪孩子去聽一場演唱會，買他最愛的偶像ＣＤ一起聽，讓他知道，光芒四射的明星也會「跌倒」。像周杰倫，是真的跌在眾人面前；像張惠妹，成名前曾在歌唱比賽「五度五關」的門前挫敗，再捲土重來；像蔡依林，初成名時就因合約糾紛而被冷凍，後來鹹魚翻身，大紅大紫，手握金曲獎感謝那些支持與「不看好」她的人，而且，她至今依然一直很努力……

不要強求Ａ，而要練就ＡＱ

總在追求「Ａ」，搞不好會弄得更挫折，畢竟「Ａ」（第一名、高分）不是人人有，人也很難樣樣都拿「Ａ」；重要的是練就「ＡＱ」（Adversity Quotient，逆境商數），也就是面對逆境、處理挫折的能力。

如何培養孩子跌倒後再爬起來的AQ？不妨看看以下建議。

避免直接幫孩子做好做滿

許多父母只要看見寶貝碰到一點困難，就馬上衝下去「拯救」孩子。迅速為孩子解決問題，或快速地滿足孩子需求，其實並不是在「幫」孩子，而是剝奪了他學習的機會，剝奪了他證明自己能力的機會。

做父母的，也許因為自己小時候吃過苦，不希望孩子再「吃苦」；也許因為工作忙碌，很少陪孩子，相處時便盡量「補償」孩子；又或許是，快速地滿足孩子，是最容易打發孩子、讓自己耳根清靜的方法。

心理學上有所謂「delayed reward」（延遲酬償），「要立即獲得酬償滿足的，其挫折容忍力較低；需要經過一段時間才獲得酬償滿足的，其挫折容忍力較高。」心理學者許文耀說。

更何況，「『得不到』，也是一種重要的學習。」邱文仁說。

善用兒童文學的力量

「兒童文學中有大量的作品和主題，都是在處理孩子面對挫折時的遭遇。」莊世瑩說：「孩子閱讀時，可以經由想像力和冒險的歷程，獲得抒解和成長。」

《哈利波特》的風行不是沒有道理，哈利在現實生活中是備受親戚欺負的孤兒，在魔法世界中也是飽嘗艱辛，讀者們讀他的歷險，讀他的喜怒哀樂，讀他的黑暗與光明，何嘗不也是「感同身受」地經歷了挫敗與奮起。東方文學中，也有如《西遊記》一路闖關、打敗妖魔鬼怪的故事。

「兒童文學作品肯定孩子內在的力量，相信孩子自身就有能力面對挫折和化解危機，其實成人經常矮化了孩子自癒的能力。」莊世瑩說：「透過一個文學建構的世界，孩子不用直接赤裸裸地面對現實，可以先建立好面對挫折的『強健體魄』。」

感受大自然的砥礪

還記得小時候嗎？在草地上翻滾，在大樹間攀爬，身體感受到草尖和小石頭，感受到樹幹的磨擦，有點痛痛的，有點刺刺的，那都是大自然的「砥礪」啊！

美學教育工作者蔣勳，就很鼓勵做父母的帶著孩子脫掉鞋襪，到大自然去，讓腳丫子感受一下泥土和草地，或走在沙灘上，感受沙礫被海浪捲過在腳底滾動、磨擦的感覺。這都是一種健康、自在的學習。

保有兩「觀」：樂觀、客觀

關於挫折承受力和復原力，許文耀建議可由兩「觀」著手：樂觀，學習用正面態度來看待事情；客觀，要理性地衡量實際情況。

他說，研究顯示，增加「正向的期待」，有助於克服挫折，因此樂觀很重要；但若只是一味的樂觀，卻沒有客觀地考量這個期待或目標的可行性，搞不好又會陷入另一個「不如預期」的挫折。所以，兩「觀」要平衡。

以動防跌

「路上的洞好大，我那天跌倒了！」年過半百的人了，這一跌不得了吧？「可是我跌得很漂亮，都沒有受傷喔！」有一天，吳義芳班上有位學生這麼對他說。

創辦「風之舞形」的前雲門舞者吳義芳，平常也為一群「婆婆媽媽」們上課，教她們舞蹈養生。那位「跌得很漂亮」的女士，顯然要讓他知道，老師教的「有學到喔」。

不只老師有教，書上也有寫到，要「經常保持身體的活動力」。

〇．〇五秒的身體警覺

美國知名的梅約醫學中心（Mayo Clinic）出版的著作指出：研究顯示，一個人如果在童年和青少年時期從事充分的體能活動，有助於骨骼發育達到比較高的巔峰骨質量，而成年以後的規律運動習慣，則有助於減緩骨質流失，維持挺立的體態，並強化心血管功能。

書上還說，運動能增進平衡感、肢體協調力，以及肌肉強度，而這些能力，都能減少跌倒和骨折的風險。

「跌倒，通常都是在不經意的狀況下發生。如果平時能透過訓鍊，增加身體的『醒覺』能力，或增強腳踝的承受力，在跌倒的那一剎那，就可增加〇．〇五秒的時間去反應。」吳義芳說。

那〇．〇五秒，就可能決定是跌得很慘，還是跌得很漂亮。「人的身體是會發出訊息的。」他說。

舞者，大概是最「懂得」跌倒的族群之一，如何跌得漂亮，跌得不受傷，平時得多練習。譬如，力道要拿捏好，要懂得用身體較厚的部位去滑、去跌、去「圓」整個動作，而不是傻傻的去撞地板。

如果跌倒是發生在舞台上，怎麼辦呢？高手還是有辦法將跌倒變成「演出」的一部分。像吳義芳某次跳雲門《水月》，寬大的褲管因舞台上的水濕而絆到了，在意識到自己將傾跌之際，他順勢一滑，自然地滾了一圈再爬起來。台下觀眾看不出來，只有回到後台時，「內行」的伙伴們笑著說：「喔，剛才跌倒了。」

肌肉關節不退休

超過幾十年的舞蹈生涯，舞者未必是「跌倒專家」，但肯定是天天面對自己身體、懂得如何跟身體相處的「身體專家」。吳義芳運用所學、所練、所思、所獲，協助那些「長輩」學生們「動」身體、「練」身體。

譬如，太極導引的一大精髓，在於呼吸的引導、關節的鬆柔，「運用」到跌倒上，可能就會產生不同的結果：是重重的直接摔倒，還是能化解掉身體關節所遭受的衝擊力。

此外，結合現代舞、瑜伽、太極導引的肢體伸展動作，也在幫助鍛鍊肌肉的力量。「學生練著練著，一開始會喊『好痠、好痠』，但幾次以後，就會說『好舒服喔』。」吳義芳說，持續練習很重要，運動可以延緩肌肉老化，因此他常鼓勵那些長輩們，「可以在工作上退休，但不可以在人生旅途上『退』、『休』喔！」

梅約醫學中心的著作中也提到，老化作用會使得平衡功能發生種種改變，加上肌肉疲軟無力，可能使原本只是踉蹌一下，卻變成了摔倒在地。因為當腦部收到身體失去平衡的訊號時，大腦會促使肌肉做出反應，試圖補救失衡狀態，如果反應緩慢，肌肉又沒力氣，身體就可能無法維持直立的姿勢。

雲門舞集舞蹈教室的「生活律動」熟年課程，課堂上學員們雙腿伸直，一前一後挪動臀部，或站起來，鬆動腰部、胯部關節，以全身的流動感在空間中畫出自在線條。這些，其實都鍛鍊到臀部和腿部的肌力。

「人年紀大了，膝蓋容易退化，更需

要由大腿和小腿的肌肉來輔助膝蓋。」老師張蓓怡說，年長者練肌力時，「離地板愈近愈好，可以藉由地板的力量來運動，身體的承受力也不致太重。」

「把身體交給地板，讓地板來幫你按摩！」她有時會讓學員放鬆地躺在地上，用身體去滾、去翻，在地板上想像「像個孩子賴床、伸懶腰一樣，盡情地舒展。」這可是每個人小時候都有的經驗，往往年紀大了，就少做了，甚至忘了。上課上到此時，那種童心的笑容、青春的喜悅，彷彿又重新回到這些被歲月歷練過的長者身上。

歲月不饒人，跌倒不分老少，只是年紀大了，跌倒這種事還是少碰到較好。就算碰到了，也要夠靈活，讓自己少受傷。方法有很多，每天早晨到公園輕舞慢搖，每天臨睡前在床上雙腿伸直，動動腳踝，彎彎腰，練練延展，也都很好。

重要的是，找個開心的、適合自己的方式，經常保持身體的活動力。

愛自己不一樣的身體

——易君珊的故事

她，是個大家幾乎都以為會跌倒，卻其實走得很好的女孩。

易君珊，一生出來雙手雙腳就各只有兩個指頭，人們以為她會拿不穩、走不穩，可是她的漂亮俐落，總讓人們覺得「看走了眼」、「想太多了」。

「我只是腳的形狀不同，支撐點、施力點不同而已。」她自然的脫下襪子，不擔心別人看到她只有二趾的腳。

因為做藝術創作，也因為回臺後參加弦月之美的走秀，她的身影隨著報導流傳，網路上也開始有人討論她，討論她的雙足：「要怎麼走路啊？」她的室友則代為發聲：「她不但會走，還會跑，而且還跑得很快呢！」

她也跑得「很遠」，國中畢業後就爭取以交換學生的身分，隻身赴美國求學。九年異國歲月，她取得芝加哥藝術學院碩士學位，返臺後獲選雲門舞集的「流浪者計畫」，將自己與身體對話的經驗、藝術治療的專長，與有相似遭遇的人們、孩子，一起分享，相互激勵。

內心常「跌倒」

學步時期的她並不會比別人多跌倒，但這一路成長，她不否認自己「內心常常跌倒。」小時候因感冒去看醫生，醫生問她要不要考慮裝義肢，這樣她就可以跟「正常人」一樣；長大後去穿耳洞，對方問她要不要考慮為手做整型，補足「缺陷」。

她覺得，為什麼自己好像被當成一個「不良品」，需要「修理」？為什麼人們總是看到「沒有」的部分？為什麼少了指頭就被視為沒「指望」？為什麼不能多元來看待每一個身體？這世上，大多數是五指人，但也有二指人、六指人、八指人等等，各種不一樣的身體。

「我很熱愛我不一樣的身體。」她坦然笑說：「每個身體都有每個身體的潛能，都有自己適合的方式。」

小時候學拿剪刀，同是缺指的爸爸卻怎麼教也教不會，最後倒是自己慢慢摸索出屬於自己拿剪刀的好方法。她拿筆畫畫，也是從三歲就會，還有「媽媽說我學會用筷子比姊姊快，我擰毛巾也比姊姊擰得還要乾。」大她兩歲多的姊姊，是所謂的「好手好腳」，並沒有像她遺傳到父親的家族基因。

她做金工首飾創作，五根手指的老師們不會教二指的她使用工具，怎麼辦呢？她當作是一種創意激盪，「遇到沒有我能『用』的，很自然的本能就跑出來了，會思考『我怎麼去創造出來』，沒時間去想被『卡住』的部分。這過程其實是很棒的！」大大的眼睛透著光芒，她說：「我覺得我的身體是很有創造力的。」

當然，這一路走來，也曾「受傷」過。譬如，在臺灣的街頭，一名男子冒失地一直盯著她的手看；在美國的商店，收銀員看到她的手，「嚇到」高聲尖叫，她也被對方嚇到了，走出去時，發現自己的眼眶濕濕的，鼻子酸酸的。

「這種事情難免會發生，現實中沒辦法保護我自己，我就由創作來完成。」她接受了，也學習讓自己更勇敢、更堅強，讓自己懂得如何和傷痛相處，從中獲得成長。

承認並傾聽這樣的聲音，「真的很不好受。傷痛發生了，我們也許要找一個『搖籃』安慰它、照顧它。」易君珊輕輕地說：「和你的悲痛坐下來，相互陪伴，一起度過。」

身體自有其「創意」

創作並關照自己的需要，是她的「搖籃」之一。美麗的蝴蝶手環與戒指，勾串著一個蛹；名為「河豚」的手部裝飾，有著羊毛包覆，也有著尖尖的魚刺。她還為雙腳打造了一雙毛線斑斕、二趾可窺的「望遠鏡襪」，然後寫著：趾頭姊妹們，妳們待在裡頭好好休息，我保護不了手，但是可以照顧妳們，我留了探頭口，讓妳們看外面！

外面的世界雖然有可能讓自己「跌倒」或受傷，但她總會回到創作，相信創作可以帶來的療癒性。她做了一雙兩腳趾間有爪子突出的高跟鞋，「告訴我自己，若有下次，我會站得住、站得穩。」

媽媽和藝術創作是她最大的扶持。媽媽說過：「我相信這孩子的身體是有能力的，她自己會找到解決事情的方法。」媽媽很鼓勵她「做自己」。

易君珊也體會到，「可以做自己時，知道自己的能力和特色，自信心自然會增加。遇到挫折時，也能夠知道自己有哪些『法寶』，可以拿出來幫助自己。」

手腳的指頭數目長得和別人不一樣，對她來說，不是「缺陷」，而是「特徵」，是激發她發揮想像力、迸發創意、突破局限的「殊榮」（privilege）。

「當你有能力去想像時，可以找到很多出路，你的世界可以無限寬廣。」揚起手，她再度帶著笑意說：「我不代表『不方便』，我代表『創意』。」

在遊戲中鍛鍊AQ

示範：董述梅、洪苡珊

「我做得到嗎？」

教室裡拉起一條長長的橡皮筋繩，從低到高。你可以想想：「要如何過這條繩子呢？」如果繩子很高，你會放膽跳過去嗎？如果繩子很低，用鑽的、滾過去可不可以呢？無論出什麼「招」，身體都不能碰到繩子喔！

你做到了！還可以用身體的其他部位（像是手）來過這條繩子嗎？可不可以用倒退的方式來過呢？如果是與小朋友一起玩，用「造飛機」、「袋鼠抱」、「騎馬打仗」等方式越過繩子，似乎也很有趣。

總之，試著用各種高度、創意來「跨越」。必要時，給予彼此一點小小的扶持。

還有一些團體活動的挑戰，也同樣精彩。好比，你能猜出別人的身體「說」的是什麼嗎？那需要耐心和動腦筋；又或者，當你和別人「扭成一團」時，會不會也發現，果斷與合作，其實比你想像的更需要練習？
現在，就從「玩」開始練習吧！

黏黏「身體圖」

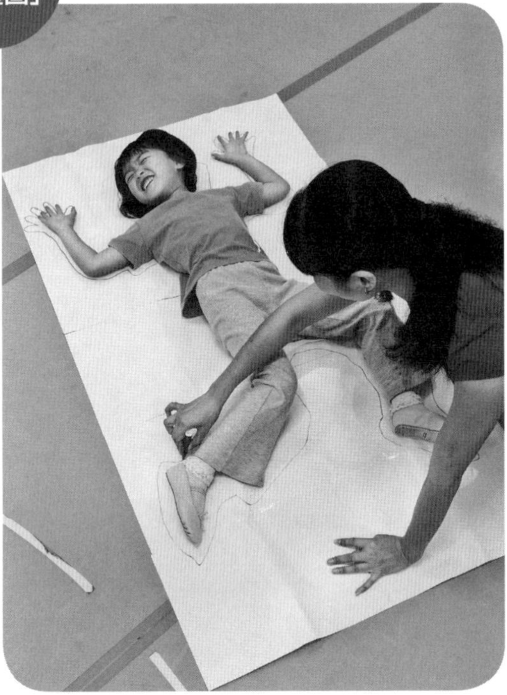

1. 用幾張紙黏成一張大大的紙，讓小朋友躺在上面，做出喜歡的姿勢或造型。
2. 大朋友幫小朋友描起來，就成了「身體圖」。

3. 大小朋友合力為「身體圖」上色。每種顏色要塗兩個以上的部位（比如，用藍色塗頭部、膝蓋；用綠色塗手臂、小腿）。

4. 把這張「身體圖」貼在牆上，開始遊戲：一方發出指令（如「用右手碰紅色」），另一方照做並「黏住」不動。
5. 當指令愈多，難度便愈高，小朋友得很快判斷，他要「黏」在哪裡才不會讓身體「打結」。
6. 可以多人一起玩，練習合作與溝通。任務完成後，記得給彼此一個開心的抱抱！

「猜一猜」遊戲

1. 用「剪刀石頭布」來決定順序。
2. 先「表演」的人用身體做出各種造型，可搭配聲音提示（比如，做出時鐘造型，嘴巴發出「滴答、滴答」聲）。讓另一方來猜你正在「表演」什麼。
3. 可以鼓勵對方問問題（如提示：「這個東西通常會在什麼時候用到？」）
4. 切記，千萬不要放水喔！想法子引導，一旦有「結果」，雙方都會很有成就感。

枕頭大闖關

大人小孩都愛玩的枕頭大戰，一起盡情地拋、丟、接，甚至是躲避。掃描 QR-code 觀看影片，想想還有哪些創意玩法？盡情挑戰自我，玩出運動家精神吧！

第 7 課

親密

「快樂互動」的能力

從小和家人手足的相處，美好的感受和記憶，可以幫助彼此度過難關。
家人的關心與愛，會帶給人莫大的力量。
讓甜蜜時光潤滑彼此，也潤滑著日子裡可能有的緊繃與煩躁。
你是否也為身邊的人創造了這樣的相處？

包餃子

——身體的記憶——

蔣勳

我的童年與父母兄弟姊妹相處的機會很多，最常在一起做的就是全家一起包餃子。

那個年代，很少機會去餐廳吃飯，每一餐飯都是母親料理的。家裡人口多，當然了，可能都是靠母親一個人忙。

母親常做麵食，麵食中大家最愛的就是餃子。餃子皮是自己手工出來的，即使後來有現成機器壓製的餃子皮，母親還是覺得沒有嚼勁，堅持要自己來。所以，從和麵、揉麵開始，常常是一家人總動員。

母親揉麵有特別的講究，在一個鋁盆裡，一面加麵粉，一面加水，一面調和。她告訴我，要做到「手光」、「盆光」、「麵光」，也就是盆上不沾麵，手上不沾麵，揉好的麵一團光光白白，乾乾淨淨。

母親好像不覺得在做家事，也不以為苦或累，她似乎把包餃子當成一家人相聚的甜蜜時光。

餃子餡一定是母親調的，多少鹽，多少醬油，多少麻油，只有她拿捏得準。但是餡料的準備是大夥兒一起的工作。韭菜洗乾淨，要摘去外面粗的根莖和皮膜，留下嫩葉切成丁，這個工作多是父親或我們兄弟們的事。市場上絞過的肉，母親也嫌不夠細，回來還要在砧板上剁過，父親力道大而沉穩，剁肉的工作多半是他包辦。

絞肉加上細切的蛋皮細絲，熱水泡過的粉絲，一點豆腐干，一點蝦干和香菇，都要浸泡過，再切成碎丁，然後拌在一起。

餃子做為一道料理，似乎必然是許多人共同合作完成的成就。吃餃子也就像在分享一切工作相處的快樂。

母親皮像是絕技，她先把麵搓成長條，摘成一球一球，的時候，用手掌一壓，壓成扁平，左手中指托著底，右手麵棍一轉一壓，一張餃子皮中間厚、邊緣薄，就完成了。

我們兄弟姊妹六人，加上父親，一起下場包餃子。母親一個人皮，她不疾不徐，一張一張皮出來，永遠趕得上我們幾個人包的速度。

接近兩百個餃子，一列一列排開，每一個都圓圓胖胖的，端正飽滿像一尊佛菩薩。母親呵呵笑著，一邊在沸水中下餃子，一邊唸口訣給我聽，口訣是她家鄉人人都會唸的，教導孩子如何煮餃子，像一首美麗的詩。

我童年的甜蜜時光，就是與家人一起包餃子。

—身體芬多精—

家的甜蜜與愛的聯繫

當龍應台寫起家書，與當年十八歲的兒子互相通信，重新認識那個「讓我親吻、讓我擁抱、頭髮有點汗味的小男孩」，已經長成了「他願意將所有的時間給他的朋友，和我對坐於晚餐桌時，卻默默無語。眼睛，盯著手機，手指，忙著傳訊」的「成人」。她付出的心力，不比她任何一本著書少。

蔣友柏曾經每天下午兩點多「準時」下班，回家陪伴妻兒，陪一雙稚齡兒女玩耍，「他們想玩什麼，我就陪他們玩什麼」，直到孩子們上床睡覺，他再回到電腦前繼續工作。問他為何如此？他理所當然地回答：「要不然為什麼要當爸爸？」

名人尚且如此，不同世代的人有著不同的方法，相同的是，那是家的甜蜜，是愛的聯繫。

美好的家庭記憶

從女兒江序心還在她肚子裡時，陳穎慧就常常跟她說：「愛妳喔！」到女兒上學念書了，依然如此。即使小女孩漸漸有了繁重的課業，早上有時匆忙出門，做媽媽的還是會把握那電光火石的瞬間，大喊：「愛妳喔！」彷彿那心意也隨之飄到校園去，暖著孩子一整天。

「我就不管，覺得一定要讓她知道我們很愛她。」陳穎慧笑著說，繼而眼眶泛紅地想起自己和弟弟的成長經驗。那時，姊弟倆都有個狂飆少年期，弟弟高中念的還是放牛班。他們的父親總在送弟弟去補習時，對著下車要走進補習班的兒子說：「祝你今天愉快。」不是叮嚀他「要認真、要用功、要乖」，而就是一句「祝福」。升大學時，弟弟考上了臺大。

「就是知道有人愛我，知道父母愛我。」陳穎慧懂了，是什麼讓她和弟弟能順利走過青少年期的狂風暴雨。

家人的親密連結，家人的關心與愛，會帶給人莫大的力量。

比爾・蓋茲（Bill Gates）也曾在一次訪談中，被問到如何度過挫折或低潮。他的回答是，他會想起從小和家人、手足的相處，那美好的感受和記憶，常常會幫助他撐下去，度過難關與考驗。

不妨想想看，自己是否也有過這樣的記憶？自己是否也能為孩子創造這樣的相處和感受？

譬如說，每天送孩子進校門前，有沒有和他說說話或聽他說說話，可曾摸摸他的頭髮，牽牽他的手；譬如說，也許「見面、相處」的時間不多，還是能讓孩子覺得「家人是在一起的」；又譬如說，除了問功課、問飽暖之外，和孩子之間有沒有趣味的話題、放鬆的時刻。

時代與社會的快速變化，各種工作型態切割了家庭的不同面貌、不同距離，但每個人、每個家庭，還是可以找出自己的方法。

上班族媽媽林雪紅，天天和女兒王心妤一起走路上下學、上下班，那十來分鐘的路程，是她們嘰嘰喳喳說個不停的甜蜜時光。女兒進校門前，林雪紅總會抱抱她說：「祝妳今天在學校很快樂、很順利。」

「可不可以在邊邊抱，不要給同學看到。」現在女兒大了，有點怕同學「側目」，但長大的女兒也會對媽媽說：「祝妳今天一切都順利喔！」

心好的爸爸在上海工作，除了常打電話外，林雪紅也要求他用email寫家書。「以後會是女兒很好的『嫁妝』喔。」她笑說。

信寫多了，爸爸也開始「玩花樣」，在信中出題目考考家人，如拍下大陸房子中的某種設備，傳回給大家「猜猜這是做什麼的？」哈，原來是臺灣根本用不到的暖氣啦！「猜中的，就可獲得精美小禮物。」爸爸返臺時帶回的禮物，還多了一層別出心裁的樂趣。

爸媽的甜蜜時光

現代的爸爸，巧思和慧心其實不輸給媽媽。

許皓婷從小就是爸爸許力仁幫她洗澡，他還「寓教於樂」，和女兒玩物理原理，像「沐浴乳抹在身上為什麼會滑滑的？」「為什麼會抹出大泡泡？因為空氣跑進去了！」

許力仁出差時，可苦了「代班」的媽媽胡秀真，洗澡時間該和女兒玩什麼呢？啊，來點想像力和肢體遊戲好了，泡泡除了在肚子上做出造型，還可以在身上什麼地方呢？手臂好不好，腳也可以喔！

小男生吳洎澄在家的主要甜蜜時光，也是沐浴時間，也幾乎是爸爸專屬。「從幫他洗，到陪他洗，到現在和他玩水、教他憋氣。」爸爸吳治平和媽媽黃佩雯談起來，眉眼間盡是笑意。兒子念私立小學，功課很重，他們覺得「再怎麼樣，每天一定要給他放鬆的時間，能跟他親密的相處。」

吳治平還說到，以前的爸爸大多較傳統拘謹，「我們這一代成長的經驗裡，很少和父親有親密的相處。」自己為人父後，特別想把這部分給孩子。

如今用心的爸爸真是不少。鄧雲旺和妻子從事金融保險業，也都覺得即使再忙，每天一定要有陪孩子的時間。女兒鄧芯葳喜歡畫畫、舞蹈，假日時，鄧雲旺有機會就帶她去戶外廣場看街頭藝人，或一起做陶土。

有時，父女倆就坐在行道椅上，觀察熙來攘往的路人。「妳最喜歡誰？」爸爸問女兒。芯葳想了想，指了指說：「她很漂亮，但看起來兇兇的……」最後女兒選好了，原因是「那個人臉上有微笑。」

「對啊，常常帶著微笑的人，會讓人喜歡。」清風朗日下，爸爸和女兒就這樣發現了什麼，也分享著什麼。

和孩子的親密相處，有時「收穫」者是大人自己。

從事教職的楊秀華，是一個常會和孩子們親親抱抱的媽媽。有一天，她一身疲憊回家，情緒低落，才七歲的女兒李映漾察覺到了。「來，媽媽，我教妳。坐下來，雙手放在腿上，閉上眼睛，想像一下……」那是女兒在課堂上已熟悉的小小靜坐，這時候很自然地流露出來，要幫媽媽撫平心緒。楊秀華還沒真的開始「想像一下」，就望著女兒泛起笑容了。

甜蜜時光，同樣可帶給大人放鬆和力量。「我們相互陪伴，也一起成長。」林雪紅說。記得女兒還小時，有次她必須準備「老闆要的二十分鐘簡報」，上班前緊張地先在女兒面前演練起來，雖然女兒可能根本聽不懂內容。「簡報」完畢，小手鼓起掌說：「媽媽妳好棒喔，妳都講得很順，沒有斷掉喔。還有，我有看時間，沒有超過二十分鐘呢！」那認真的童言童語，給她很大的激勵。

甜蜜時光，也可以分享彼此的價值觀。住在龍潭的全職媽媽黃淑華，每天最享受的時光，就是開車送女兒王若馨和姊姊上學的路上。在車子裡，她放起音樂，是孩子們愛聽的，同時她也聽孩子們說話，說著學校裡的大小事、同學間的事、老師的事。

「她的感覺是什麼？她對一些事情的看法是什麼？價值判斷是什麼？」都隨著音樂滑進黃淑華的耳朵裡、心裡，她也很自然的跟女兒交流著看法和關心。

和孩子的共同話題

你平常都和孩子談些什麼？有沒有共同的話題？有沒有彼此一談起來便心領神會、覺得有「電波交流」的事？

住在基隆的劉鎮豪，很重視和女兒劉琤的「午餐約會」。常常回到家都很晚了，未必能好好和家人一起吃晚飯，但沒關係，他上班的地方離女兒學校很近，每天中午就接孩子一起用餐。

這位用心的爸爸，每次和女兒碰面前，都會「先想一想什麼是她感興趣的話題。」劉鎮豪覺得，若問「功課做了沒？今天有沒有喝水？」等等，就好像老闆盯員工一樣，而親子之間不該是這樣的。

「有品質的相處很重要。」劉鎮豪強調。他常和女兒聊的是，今天學校發生了什麼好玩的事，或是她的好朋友、某某同學的某件事怎麼樣了。而且，「她有好的表現，即使是小小的一件事，也要給她大大的鼓勵。比如她幫老師跑腿，她很高興，我會稱讚她。」

經常為孩子「加分」，他們會愈來愈好。「教育體系裡，學校考試裡，每天都在做『扣分』、『減分』，卻很少是『加分』。」蕭慧英是三個孩子的母親，也曾任全國家

長團體聯盟創會理事長，她說：「我們應該要學著肯定句多一些，否定句少一些。」

不能否認，當孩子還小時，彼此間的甜蜜是居多的，但當孩子上了中學，有了升學壓力，親子之間的甜蜜往往可能被消磨掉了。

臺灣教育長期追蹤資料庫曾公布「中學生和父母間的親子溝通情況」，調查結果顯示，中學生多半認為「爸爸媽媽關心自己的學業情況，更甚於關心自己的內心世界。」

也許，不要忘了讓甜蜜時光來潤滑彼此，也潤滑著日子裡可能有的緊繃與煩躁。

「要讓孩子懂得愛自己、放鬆自己。」簡明彗伴著女兒許人云說。丈夫是牙醫師，經常忙到整天不在家，但假日一定保留給三個孩子，也讓孩子從小就知道「照顧自己的身體，比功課更重要。」

他們也會盡可能安排家庭旅遊，營造「一家人的共同記憶」，這是很好的凝聚，也是很好的放鬆。「該休息時就休息」，從家庭相聚中得到養分。

也或許，不要忘了對孩子最初的盼望與許諾。「想想孩子誕生時，我們是懷著多大的喜悅迎接他到來。」黃淑華說。

全國家長團體聯盟成立了「愛你一輩子守護團」，製作的「愛你一輩子」短片在網路上流傳，引起不少迴響，為的是「重新喚起孩子出生時，爸媽那最純真、最沒有過度期待的愛。」

長期為教育環境努力的蕭慧英說，我們不是都曾希望孩子「平安健康、快樂長大」嗎？為什麼當孩子愈來愈大，很多爸媽卻失落了這樣的許諾，讓孩子扭曲在升學競爭中。

與孩子的第一個甜蜜時光，應該就是當孩子來到這世間的時候吧！想想那時的「初衷」，別忘了你們永遠的甜言蜜語：愛你一輩子。

親密關係，重質也重量

——專訪雲門舞集舞蹈教室教學總顧問劉北芳

余威震採訪整理

「愈小的孩子，愈需要長時間的陪伴。」資深幼教專家劉北芳說：「在孩子幼小的記憶裡，深植緊密的親子關係，長大後他仍會記得。」

親密關係的建立其實很簡單，只要家人「玩在一起」就可以。在幼兒的成長過程中，「玩」真的好重要。只是，該怎麼玩？玩些什麼？要玩多久？是父母最容易面臨的問題。

劉北芳說，玩什麼都好，但玩的「品質」是需要父母付出心力的。手拉手走向大自然，開心的跑、跳、追逐、撿石頭、賞花草、看看雲、玩玩水，或是唱唱歌、跳跳舞、講故事、玩拼圖或撲克牌……只要「一起」做一件事，融入擁抱、鼓勵、稱讚、肯定、同理，在歡笑中共同完成，親密關係的累積一點也不難。

「小時候，父親很忙，但只要有時間，他就會跟我們四個兄弟姊妹講故事。天氣冷的時候，一家人就窩在和式房裡，互相挨在對方身上，或躺或趴，大腳小腳纏在一塊兒，一起聽爸爸說故事。」劉北芳分享自己的兒時記憶，儘管時日久遠，與父親之間的親密連結仍深植心中。

而今人與人之間，親密關係明顯較為薄弱。人們流連社群網站、使用訊息、email，仰賴科技的連繫往來，卻輕易疏遠了身邊的人。另一方面，雙薪家庭比例逐年攀升，大多數的職業婦女下了班，為了節省時間，順路買好便當就回家。「不妨試著花幾分鐘煮個熱湯，你盛水，我灑鹽，你切番茄，我除菜梗。」劉北芳貼心地提醒，「再怎麼忙碌，只要一天的一點時間，家人間親密的那條線就能緊實拉近。」讓孩子一同做家事，除了有參與感、成就感之外，孩子將打從心底認同親子角色。

「記得有一次，看到念小學的外孫有一題家庭作業：你長大後要當什麼？他寫說：我要當爸爸，因為爸爸可以陪孩子打棒球，帶孩子滑雪，爸爸超級厲害的。」劉北芳說，孩子的媽媽因長時間投入博士學位的攻讀，多是由爸爸跟孩子相處，時間久了，孩子的世界自然充滿陪伴他最多的那個偶像。

在「生活律動」親子課程裡，偶爾會發現忙碌的家長無法撥出時間和孩子一起上課、一起玩，而讓「請來的幫手」代替父母的角色。劉北芳語重心長地說：「依賴外傭或保母，是造成現代的親子關係較疏離的因素之一。」

親密關係中的愛，不是溺愛，做父母的不能因為忙碌，就以物質來滿足孩子，以彌補的心態與孩子相處。父母也要學著了解孩子的好惡，相處起來便能夠更有彈性。「優質的親密關係，是父母與孩子能夠彼此分享，在充滿關懷的家庭氣氛中，互相包容與接納。」

別忘了，和孩子相處時，要找到共同的、互動的樂趣。帶孩子接觸大自然，一起運動，一起做家事，都能建立一家人的親密感。

—身體新視界—

創造一家人的親密連結

一家人的視訊電話連線

晚上十點左右，邱文通辦公桌上的電話響起。「喂，爸爸，我要睡覺囉。」「好，晚上都好嗎？」「好。你很忙嗎？」「還好，剛開完會。媽媽和姊姊呢？」這時，打電話的小男生可能會找媽媽或姊姊來講電話，也可能自行報告其他家人在做什麼，然後叮嚀爸爸：「那你要早一點回來喔，晚安！」有時還加上一聲「嗯啊」，是親（Kiss）爸爸的意思。

每晚睡前「打電話跟爸爸說晚安」，一直是邱家兒子「不做會睡不著」的事。

邱家爸爸邱文通，任職報社超過二十年，從記者、主管，做到編務委員，工作時間通常是午後進報社，午夜下班回家。孩子相繼上學之後，算一算，每晚回到家孩子都已睡了，和女兒、兒子「清醒相見」的時間，似乎只有早餐和上學時，每天短短不到半小時。

尤其女兒上了國中後，功課忙，早上常是匆匆上學，交談不到幾句話。夫妻兩人都從事新聞工作，經常追著時間跑，一家四口要「對上話」，還真不太容易。

於是，善用電話，漸漸成了他們一家人的法寶。

晚上七、八點左右，媽媽和女兒、兒子共進晚餐，手機響起，三人很有默契地交換了眼神：「應該是爸爸。」每天這個時候，邱文通在報社忙到一個段落，就想到打給妻兒們，從電話那端稍微加入「今天孩子們在學校發生了哪些事」的話題。

時間再往前推一點，傍晚六點多，邱家女兒走出校門，一邊和同學笑鬧著，一邊拿起手機：「媽，我放學囉！」雖然有些吵雜，但從電話裡是很開心還是很累的聲音，做媽媽的多少可聽出女兒那天的心情。

到家了，若媽媽不在，會記得打電話給媽媽：「我（們）到家了！」曾經女兒忘記了，或在外面跟同學聊久了，遲遲沒打電話，等不到電話的媽媽十分心急。幾次磨合，她讓女兒知道，這樣的電話「相連」，不是父母要掌控她的行蹤，而是要讓彼此「安心」，知道家人在哪兒。

是「關心」，而不是「管」她，藉由現代科技一線相繫。

一家人的電話連線，其實可以追溯到邱文通的岳家。他和妻子在大學時代相識，兩人都是從外縣市到臺北來念書，他是那種「出門像掉了，回家算撿到」的孩子，而妻子則是「爸媽有規定，每星期至少星期六晚上要打電話回家報平安。」

兩人約會時期還沒有手機，總在週末晚上「如被點醒」般急忙在校園或路邊找公用電話，打回女方家報平安。而他漸漸也受到影響，每星期至少找一天打電話回臺中的家。

到現在，兩人都在臺北成家立業、為人父母多年了，孩子們會看到，每個星期六晚上「媽媽會打電話給她爸爸」，星期天晚上「爸爸會打電話給他爸爸」。

不管在哪裡，不論有多忙，適時的用電話串起彼此，串起一家人的關心與愛。

兩個鐘頭的晚餐

「重要的是，你和你的孩子能不能一頓晚飯吃兩個鐘頭，無話不談。而且，就從他想學說話的時候開始。」作家張大春在《認得幾個字》書裡說。

兩個鐘頭的晚餐？好「奢侈」的時間！「我們其實也不願意這樣啊，也希望他們十五分鐘就把飯吃完。」訪談時，張大春很坦白地說。

「可是很矛盾，我們也知道讓孩子們細嚼慢嚥比較好。他們常常吃一吃就停下來，就和你聊起來了。」於是，從六點半開始的晚餐，在張家的「常態」是歷時一個半小時才會結束，有時甚至吃到八點半。

或許，時間長度不是重點，而是親子之間的「無話不談」。彼此有聊不完的話題，才能造就一餐餐興致盎然、欲罷不能的「美味時光」。

太太上班，張大春的工作時間較「彈性」，兒子張容有一段時間常隨他到主持節目的電台，就在錄音間「陪」他，直到上小學；後來女兒張宜也念小學了。

白天上班的上班，上學的上學，而晚餐「正是全家人一天最放鬆的時候，也是孩子們放學回家後到睡覺前最放鬆的時刻。」

「他們講話講不停，跟你講學校的事，講他心裡的事，講他昨天晚上做夢夢到的事……你不能剝奪他講話的權利。」張大春說。

他跟孩子們天南地北的聊，有時帶進些什麼（如分享他對文字的興趣，也從孩子那兒發現他們對字的想法，常有意想不到的樂趣），有時就只隨興的談。「交談之中，就有很多的分析、觀察和歸納，有很強的解釋力。」他彷彿看到了這些「能力」在孩子的腦中流轉、成長。

「能力的建立」還是其次，他覺得更重要的是「情趣的建立」，那包括了情感、信任、依靠，甚至是情緒的理解。「我們對自己的理解，以及我們對自己所愛的人的理解，是需要透過種種『材料』的折射、客觀知識的投射，來串連和建立的。」這種增添彼此「美味關係」的「食材」，每個家庭都可以找到，就看父母用不用心和願不願意傾聽。

在演講場合中，張大春常碰到做爸媽的說「沒有時間」、「沒有像你一樣的口才」或「不知道談什麼」。「父母缺乏『談資』（談話的材料），其實是父母本身缺乏學習，缺乏對知識的好奇與浸潤。」他不改犀利本色地說：「很多家長自己不讀書，卻只關切要如何讓孩子變得更強；他們怪學校教育、怪社會，卻從來不怪自己早就不是學習的人。」

學習，也可以是親子間一種美好的互動。記得有一次，在學校剛學完注音符號、開始學寫字的張宜，觀察到「匚」和「匸」這兩個部首（前者唸「方」，後者唸「喜」）看似一樣，其實是不同的。她告訴了爸爸，爸爸也和她一起翻查各種字典，查出了兩者各自的意義，和有哪些字可應用。

然後，張大春對女兒說：「妳好棒喔，第一天學國字，就教會了爸爸兩個字。」女兒則酷酷地對他說：「你應該更認真一點。」

這幾年正好是家裡兩個孩子大量發展語言能力的階段，「經常考倒我。」張大春笑說：「當孩子會問問題的時候，我就受用，我們就有了學習的機會。」

一個大作家，在孩子們面前，也是一個樂於學習的爸爸。

三個人的散步

這一天，他們發現路上有些「異樣」。「那隻老是在睡覺的大狗狗，今天怎麼不見了？」「對啊，怎麼變成了一隻小狗？大狗狗是不是被送走了？」

過了幾天，大狗狗重新現身原地。「還好，原來牠還在。」狗兒依舊懶洋洋地不抬一下眼皮，卻不知道自己已是那母子三人共同的關切，和日子裡的有趣話題。

這是「三個人的散步」裡，曾觀察到的「主角」之一。

孫其芳，五年級後段班，有兩個兒子。她本來就愛走路，當了媽媽後，很自然的大手牽小手，找時間散步去。

先生是錄音師，常常接了案子就得出門工作，或為音樂會錄音到很晚才回家，如此工作型態下，她決定，自己必須成為在家中「安定」的那個人。於是小兒子滿月後，她從上班媽媽變成全職媽媽，偶爾接些文案工作。

為孩子們而待在家，並不代表要「困守」家中，「媽媽也需要散心啊，我就從家附近開始。」

那時住在泰安街，鄰近的臨沂街、徐州路一帶，是母子三人最早一起走過的路。那裡有著臺北早期的幽靜況味，不會太高的屋舍，充分灑落的日照，是孩子們感覺舒服、放心的地方。

後來搬到了景美的萬隆，大兒子也到公館附近上幼稚園。這時的散步有了小小的變化，她陪他走一段十分鐘的路，坐兩到三站的公車，再走五到十分鐘送他上學。有時就母子二人，有時小兒子也同行。回程時，她帶著小的，可能到書店走走，也可能到臺大校園走走。

有人會說，帶孩子擠公車上下學太辛苦了，何必呢？她倒覺得，牽孩子走一段路、坐一段公共交通工具，很開心，也很「生活」。「如果公車上很擠，便覺得辛苦，那如何面對以後一定會有起伏的人生呢？」她笑著說。

這樣的散步之於她和孩子們，是很自然的生活，也是很隨機的「旅行」，很認真的「看世界」。

有時，他們會特別到「遠一點」的地方去看看。譬如，讀到大稻埕那一帶店家的米苔目特別好吃，她就事先研究好路線，帶孩子們到那邊去「散步、吃米苔目」，走一走陌生的地方。「我們很期待今天會發現什麼！」那心情雀躍了她和孩子。

說到吃，即使是簡單的散步，也可以大大「營養」了孩子！有時到臺大散步前，她告訴孩子今天準備了飯盒，要在校園綠蔭下用餐。因為是「野餐」，平時孩子們不見得愛吃，但對營養有幫助的食物，這時全都吃光光了。

帶孩子們散步，往往也豐富了大人自己。

孫其芳就說：「我自己也是向孩子們『借眼光』。」路上你沒看到的，或者你以為孩子不會看到的，常常他們都觀察到了，還會說出自己的想法或好奇。那童心、那好奇、那想像力，是大人們多半已失落了的，卻在孩子身上重新「看到」、重新擦亮了。

自在動身體

讓我們更親密！

親密是，兩個人專注地彼此對望。

親密是，一人攤開手掌，靜靜牽引；一人輕輕覆上，緩緩跟隨。

親密是，透過身體的互動來傳遞溫度與信任。

留心對方的動作與節奏，身體自然就會開始對話。試著用指尖、手掌、眼神，重新認識彼此吧！

示範：黃筱帆、侯舜心

身體影子舞

兩人面對面，其中一人以雙手牽引，另一人以雙手對應，帶身體跳影子舞。速度不需太快，身體舞動的線條才能確實又優美喔。

手指仙女棒

1. 大小朋友面對面，其中一人以手指當作仙女棒牽引，另一人用頭對應跟隨，帶動身體跳仙女棒舞。
2. 可以變換其他部位喔，這一次用手肘跟隨，下一次以腳跟隨……

雲門教室身體小宇宙

搭配著音樂，朗讀童詩，隨旋律舞動，跳完這首再一首。掃描 QR-code，跟著雲門教室老師的聲音，與身體跳「第一支舞」……

大人的律動新生活

脊椎，是人體最重要的結構，支撐我們每天的行走坐臥。正確的「使用身體」，才能確保脊椎團隊正常分工哦！掃描 QR-code 觀看影片，與同伴一起進行「脊椎律動」，醞釀身體的暢快！

第 8 課

友伴

「溫潤心靈」的能力

除了爸媽、手足，還有誰和你最「親」？
它，可能是隻「狗」，也可能是隻「熊」，
它，可能是個小抱枕、小毛巾，再破再舊，你也捨不得丟。
他，可能是你長大後才找到，甚至相伴到老的朋友。
傾聽一下這些故事吧！

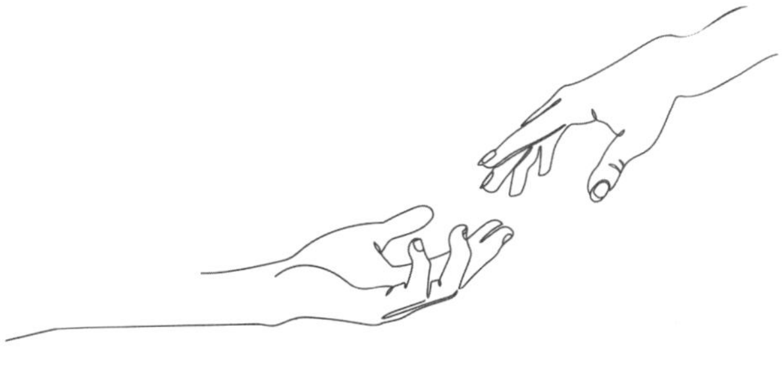

玉常——我最早的友伴

蔣勳

母親口中常常提到一個人的名字——玉常。我沒有問過這兩個字怎麼寫，所以，有可能是「玉藏」或「育常」或「玉長」。

玉常是我父親當時任職在西安的勤務兵，年齡應該在十八歲上下吧。聽母親描述，玉常好像是河南人。母親特別解釋，黃河發大水，常常有許多河南災民逃難到西安，在公務機關或富有人家幫傭。中日戰爭期間，西安算是後方，河南也多有躲避戰爭的難民，流亡到西安。

我有時候就憑空想像講著河南方言的玉常的口氣。

母親說我一生下來就是玉常看顧，除了吃奶才帶來找母親，大部分時間都抱在玉常懷中。玉常抱著我，常常有一句口頭禪——俺家的小皇帝。

「俺家的小皇帝——」母親模仿著玉常的語氣。她也常常笑著說：「一個勤務兵，大男生，卻那麼疼孩子，像個保母。你們倆真有緣分。」

我的記憶中其實完全沒有「玉常」這個人，但是從小到大，母親不斷說著說著，穿著草綠軍服的一個十八歲青年男子玉常，善良的，憨厚的，笑吟吟的，似乎真的站在我面前。

母親說玉常寵我，總是抱著我，把我放在頭頂逗我玩。我一泡尿尿下來，灑了他一頭一臉，他還是開心地笑著，還是那一句帶著河南鄉音的土話——「俺家的小皇帝」。

我跟「玉常」大概只有一年多的緣分。一九四九年國共內戰，父親必須跟隨軍隊撤退，玉常當時本也決定跟我家一起往南遷。「唉，都是命——」母親談到這裡，總是有點感傷。她說，臨走前一天，玉常捨不得丟下自己的母親，決定還是留在西安。我們就這樣分別了，再也沒有機會見面，連一點訊息也沒有。

母親一定很疼玉常，在她一生中不斷提到這個名字，而「玉常」也就在我的生命中變得愈來愈真實，愈來愈親切。

玉常是最早寵愛我的人吧，每天抱著我，逗我笑，帶我玩耍。在我最初的童年，在我對一切都還沒有記憶的時刻，成為我親密的友伴。

我的身體裡一定留存著玉常給我的許多溫暖與快樂。

在許多年後，看到男子把嬰兒舉在頭頂玩耍，孩子咯咯地笑，我就想到「玉常」，想到他永遠被母親記得的那句對孩子讚美又充滿寵愛的話——「俺家的小皇帝」！

—身體芬多精—

孩子的友伴

有隻玩偶曾經橫掃千軍，勇奪當時的電影票房冠軍！那是「七仔」，周星馳電影《長江七號》裡的外星狗。

「七仔」就是「長江七號」，片中小男孩給牠取的名字，意指比同學們的電腦玩具狗「長江一號」更厲害。一切的想像與波折，衝突與美好，都環繞著這友伴而發生，是一部友伴躍居主角的電影。

想想，很多故事裡的主人翁都有個友伴相陪：浪漫喜劇《曼哈頓奇緣》中落入凡塵的童話公主，就有隻花栗鼠「小皮」拚命相隨；知名的哈利波特，除了好友，也有貓頭鷹「嘿美」相伴肩頭；暢銷日本小說發展出的卡通《少年陰陽師》裡，守護在主角昌浩身邊的威猛神將，也化成可愛如寵物模樣的「小怪」，有時睡在他肚子上，有時陪著他降妖伏魔。

有沒有想過，在家裡除了爸媽、家人，還有誰和孩子最「親」？誰夜夜伴著孩子入眠，日日陪著孩子玩耍？

友伴可以是各種模樣，就如同現實生活中，孩子們兜在懷裡、握在手裡、貼在臉龐的各個親密伙伴。它，可能是隻「狗」，也可能是隻「熊」；可能叫「豆豆」，可能叫「小黑」，可能是「巧虎」，也可能沒有任何名字。或者，可能只是一個再破再舊，孩子也捨不得丟的小抱枕、小毛巾。

有沒有發現，孩子很喜歡摸它？那粉嫩的小手指，流連在玩偶或毛巾柔柔軟軟的顆粒上。有時摸著摸著，臉上還露出滿足的表情，悠然睡著。

孩子愛「摸」玩偶

沒錯，這種觸覺的感受，正是從身體直達心裡，給予孩子的一種安全與溫暖。

「西方心理學家的研究已發現，溫柔的撫觸，是最本能的依附需求。」長期從事親職教育，並帶領父母成長團體的楊俐容指出。

最經典的研究，是美國學者哈利爾．哈洛（Harry Harlow）有關兒童心理發展的「猴

子媽媽」實驗。把剛出生的小猴子抱到實驗室裡，給予兩隻「代理」猴媽媽，一隻是鐵絲做的，一隻是軟布做的。「鐵絲媽媽」那兒有奶瓶，「布媽媽」則沒有，但小猴子卻喜歡到「布媽媽」那裡。尤其當實驗者刻意拿東西驚嚇小猴子時，牠迅速衝向的地方是「布媽媽」的懷抱。

「鐵絲媽媽」以奶餵養小猴子，「布媽媽」除了柔軟的懷抱外什麼也沒有，但小猴子就是愛她，可見「心理上需要的溫柔撫觸，勝過生理上的食物餵養。」

怪不得，孩子們的友伴大多是絨毛或布玩偶，抱著心愛的玩偶，也總是說「好軟，好舒服喔！」

有機會聽聽孩子們喜歡心愛友伴的理

由，各形各色，十分有趣。

楊妍德笑起來時，小巧臉龐鼓起的圓潤，嘴唇揚起的線條，配上晶亮的眼睛，真的和她手中的大眼青蛙玩偶「長得很像」。這隻速食店送的大眼青蛙，從她七歲起就陪在身邊。

同樣是青蛙玩偶，韓承諭喜歡的則是瘦瘦長長的「布卡蛙」。她甩它、扭它，把它又軟又長的四肢忽而轉成這樣、忽而扭成那樣，彷彿創意的軟雕塑，又像各種高難度的舞蹈動作。「它可以做她做不到的任何動作。」韓媽媽為女兒做了這番解讀。

廖昱婷懷抱的玩偶是「凱蒂貓」（Kitty），還是個小小孩的她，卻說那是自己的「女兒」，哄她睡覺，教她事情。一旁的廖媽媽說：「我怎麼照顧她，她就怎麼照顧Kitty。」

友伴，可以是孩子的「另一個自己」，也可以是孩子想像與對話的對象。

陳飛霓抱著「巧虎」，連出國都帶著它，她還發現巧虎「脖子這邊最好摸。」有了巧虎，她彷彿也和巧虎島上的桃樂比、琪琪等一起說話、一起玩。至於說些什麼呢？「講心裡的祕密啊！」小女孩細細甜甜的聲音說。

因為友伴，孩子們有了傾聽的對象。楊妍德看著巴掌大的大眼青蛙，這麼說：「我有點難過的時候，會跟牠說說話。遇到挫折的時候，也會跟牠說。」

當然，友伴不一定都是動物玩偶。小男生王鼎涵抓著一台小戰車，媽媽說，小戰車白天和弟弟對戰，晚上則放在床邊相伴，「他還會幫它蓋被子呢！」

郭冠麟拿的是自製的紙劍，爸爸幫忙做的，自己再拿彩筆描繪上或紅或綠的圖案。「這是火燄劍，這是鬼劍。」還不會寫字的他，已經先會命名了。「最近在讀三國的故事，他自己會構思連環畫。」郭爸爸幫忙解釋「背景」。一雙劍，陪伴的是孩子神遊的天地、馳騁的想像。

與娃娃的祕密

也有男生玩「娃娃」的。作家張大春就承認，直到小學畢業，他還偷偷玩娃娃。那是「歪頭」，一個圓臉扁頭、嘴歪眼斜的布娃娃，是他小學四年級時，自己用破棉布襯衫碎料縫製的，一共做了三個。但另外兩個比較「正派」的，他卻不常拿來玩。

每當他覺得想玩娃娃，又怕把心愛的手工藝品弄髒時，就會把「歪頭」提拎出抽屜來擺布擺布。「這娃娃始終是我的祕密，不能讓任何人知曉。」直到初中三年級搬家，這娃娃被他近乎刻意地捨棄在舊家，才徹底離開了他的生活。

多年後，他在著作中為「歪頭」留下了這麼一段記述：「那時我一定以為自己實在長大了，或者急著說服自己應該長大了。」

現在張大春的背包中，偶爾也會出現一個娃娃。那是女兒張宜的，叫「蔡佳佳」（女兒取的名），是個有著天使般可愛臉孔與身形的塑膠娃娃，女兒愛極了她。自從上學後，怕「蔡佳佳」一個人孤單沒有人陪，於是叫爸爸出門也要帶著這娃娃。

那天，女兒不太舒服，上鋼琴課時也顯得有些無精打采，張大春從背包裡拿出「蔡佳佳」放在一旁，「她馬上精神一振！」說著女兒和玩偶的故事，大作家笑得開懷。

友伴，也能串連起一家人的美好記憶。劉彥婷摟著兩隻長頸鹿玩偶，不說不知道，這看起來像是「同一家」的兩隻長頸動物，竟然分別來自不同的時空。一隻是多年前媽媽在香港買給她的，她愛不釋手；後來爸爸在臺灣找到一隻比較小但長得挺像的，特別買回來給小彥婷五歲半的妹妹。姊妹倆帶著兩隻長頸鹿，玩起各種遊戲和對話。彥婷媽媽說：「晚上睡覺前，她們一定要把牠們放在一起，蓋好被子才去睡。」

每一個小小友伴，都有著濃濃的親情、暖暖的故事。在大人照料不到孩子的時候，在孩子一天天成長的喜怒哀樂裡，溫潤著心靈，也溫潤著生活。

善用友伴，親子關係更柔軟

——專訪親子教育專家楊俐容

小女孩過年回阿公家，和不會講國語的老人家不知道說什麼，沒關係，她就和阿公玩起「丟猴猴」的遊戲。猴子玩偶在一老一小的手中拋來拋去，彼此都開心極了，全家人也笑開了。

小男孩在沙發上排出他所有的玩偶，小馬、小狗、小熊等等，分別列隊。他開始「調兵遣將」，模擬著一場大戰遊戲，不時向大人說著其中的「故事」。

還看過吧，小小孩不肯吃飯，媽媽拿起旁邊的兔玩偶說：「兔兔說他也想吃耶，不曉得味道怎麼樣，我們你一口我一口，吃吃看好不好？」孩子入戲了，嘴巴也張大了。

有些媽媽自己帶小孩，等到孩子兩、三歲了，她重新上班，孩子送到保母家，懵懂間嘗到人生「第一次的分離」。這時，把他的玩偶或抱枕隨身帶過去，那熟悉的氣息陪在身邊，幫助他度過不安。

小小的玩偶，常常可以在生活中發揮大大的力量。這些是看得到的，還有「看不到」的部分喔。小的時候，是觸覺的滿足；再大一些，懂得丟拋玩偶，是刺激精細化動作的發展；開始和玩偶對話，用玩偶「對戰」，是創造力的激發、組織力的培養、社會角色的練習。甚至，是從小到大都需要的安全感與自信心的建立。

「別忘了，幼兒是很脆弱的，他很容易『犯錯』或『被拒絕』，而在與這些友伴的互動中，他則是有能力的，能控制事情的。」楊俐容說。

不論孩子多大，重要的是，父母可以透過友伴，來了解孩子內在的需求。

楊俐容舉自己家的「豆豆」為例。「豆豆」是小女兒前幾年聖誕節收到的禮物，一個黃豆模樣的胖大玩偶。那時，念國中的小女兒常常用「豆豆」的角色來編故事，每天告訴媽媽很多事。

「姊姊好幾天都不理豆豆，豆豆好寂寞喔！」有一天，她聽到小女兒這樣說。仔細一想，對啊，大女兒上大學之後，有自己的一片天，而那些日子她和丈夫都很忙，想來，小女兒是藉著玩偶對家人「發聲」了。

「豆豆出來講話，就是她內在的某部分出來講話了。」做媽媽的明白。包括女兒可能覺得自己上中學了，似乎不該再撒嬌，就抓著「豆豆」來撒嬌。

甚至有一陣子，全家因為忙而累，搞得氣氛有些嚴肅。這時候，豆豆就出來「打圓場」啦！女兒拿起這胖玩偶說：「今天『天氣』不太好耶，豆豆需要爸爸抱。」說著就把豆豆塞到爸爸懷裡。家裡的「天氣」，可就漸漸放晴了。

「本來是她的豆豆，現在變成我們一家的豆豆了。」連楊俐容都開始用「我們家豆豆」來形容，甚至是「我們家老三」。

「豆豆」是中性的角色，雖然女兒也愛及擁有不少芭比娃娃，但大多用豆豆來「代言」。楊俐容說，友伴常是孩子許多自我或他人角色的投射，「中性才容易去投射。」

當孩子抱個動物玩偶或看不出性別的人偶，可別問他「公的母的」或「男生女生」，他可是不會回答的。

當孩子抱個玩偶來說話，爸媽也不要把他當幼稚，而要給予認同和投入，這會建立彼此的親密感。「善用友伴，可以讓親子關係更柔軟。」楊俐容點出。

邁向熟年，友伴關係讓你更健康

——專訪職能治療師鍾孟修

夏凡玉採訪整理

曾經在美國南加州大學有一個研究：一個人有幾位朋友最健康？這個答案出乎意料的，並非愈多愈好，而是「十二位」。當然，太少也不好。

這十二位朋友，不是指網路上的朋友，而是隨時可以找到人，能一起聊天、遊玩，甚至直接請他們幫忙也沒問題的朋友。

職能治療師鍾孟修鼓勵大家思考一下自己的朋友圈。「以我而言，許多同學都出國了，現在身邊的朋友不一定是年齡相仿，但是，有熟年朋友可以提供我寶貴的意見，有老同學可以跟我一起懷舊，也有年輕朋友跟我分享新的社群軟體、流行文化，甚至是去健身房、玩三鐵的全新經驗。」打破年齡的界線，結交跨世代的朋友，不僅能為生活帶來變化，還能刺激大腦，預防退化。

至於要如何交朋友，或是提升友伴關係？鍾孟修指出，應該先問自己，心裡最想做的事是什麼？是想經常爬山、出國玩、還是參加一個編織社團或音樂社團？透過自己有興趣的活動，就能找到志同道合或個性互補的夥伴，友誼也較能長長久久。

對於年長者而言，友伴關係可能比年輕時更重要。日本有「孤獨死」的社會議題，因此，日本政府特別成立「孤獨司」公部門，希望透過社會連結與促進身心發展，讓年長者有存在感，感覺自己過著「有意義的生活」。

站在職能治療師的角度，鍾孟修認為，交朋友是老年健康很重要的一環。因為，社交必須走出去，而走路能促進健康。此外，「所有哺乳類都是群聚動物，都需要社交，在互動過程中能活化大腦、穩定情緒，比較不容易感到憂鬱。」他強調，透過分享生活趣事、健康資訊、談心、談工作，都能提高互動的品質與深度。

遇到膝蓋不好、身體退化或是比較內向的長者，LINE和電話也是良好的社交工具。「當身體能力降低時，內心的富足也很重要，透過這些工具，也能維繫人際網絡。」鍾孟修提醒，看到長輩的訊息不要只按讚或回貼圖，可以寫幾句關心的話，對長輩而言就是一股溫柔的力量。

在鍾孟修的個案中，有一位不太喜歡與人互動的長輩。「他覺得出門很麻煩，只喜歡一個人自由自在，但是，偶爾也會想逛菜市場、去便利商店買咖啡。」鍾孟修指出，這過程中其實存在著小型社交，他雖然沒有正式走出去或加入團體，但是，跟熟識的店家聊聊天，對他而言已得到滿足。就像許多醫師、護理師或藥師會與年長者產生醫病關係，因為了解長輩的身體狀況，他們會給予鼓勵、安撫與支持，這種互動對長輩而言就是「微社交」，也能帶來類似朋友的陪伴感。

當年紀漸長，心境也會隨之放慢。此時，不妨好好觀照自己的內心，也向外開啟連結——無論是不同世代的好朋友，還是生活中讓自己感到舒服的微社交，都能為我們的身心帶來滋養。

熟年友伴，陪你一起幸福變老

——專訪雲門舞集舞蹈教室律動老師張玉環

夏凡玉採訪整理

雲門舞集舞蹈教室裡，一群熟年朋友正在裡頭舒緩地延展自己的身體。有時，他們會一邊舞動，一邊微笑看著彼此；有時，他們會閉上眼睛，和自己的身體在一起。

教授熟年律動課程長達二十年的張玉環老師說，隨著年紀增長、老化，身體和心理都會產生很大的變化，但這過程不是一夕之間，而是漸進式的，「若一群人可以一起做點甚麼、一起老去，是很棒的生命經驗。」

「當然，我的建議就是跳舞！」舞蹈可以強健身體，提高靈活度、平衡感、增強心肺功能，還能訓練思維、強化創意、帶來愉悅感。不過，張玉環笑著說，「一個人跳舞會怠惰，若是和朋友一起就會彼此提醒、激勵，不知不覺體力就變好了，也會變得更健康、更快樂。」

在為年長者設計課程時，張玉環首先會思考他們需要什麼？「像是長者的身體循環較弱，我會先帶著他們做深層的呼吸循環，透過足夠的暖身，熱能才能被啟動。」先從呼吸覺察自己，慢慢進入姿勢、動作，再將好聽的音樂與舞步結合，專注當下，她觀察到，許多學員會沉浸在「心流」狀態。

接著，她會引導年長者慢慢向外展開，從一個人變成兩個人。像是請學員面對面，牽手、搖擺、換位、轉圈……因為互動就產生了方向變化，要注意身體的協調性、手腳要跟上節拍等，學員們既專心又開心，即使做錯了，也樂於接受挑戰並不斷修正，「這時候，我總會看到很多有趣的畫面和發自內心的笑容。」

「當然，熟年長者交朋友，就像小朋友想結交好朋友，都是要有鋪陳的！」她說，小孩要先認識自己，打開自己，再向外拓展去認識別人；熟年朋友也是一樣，先認識自己，感受自己，接著把自己放鬆，慢慢去感受別人，就能一步步建立熟年友伴關係。

事實上，無論是在課程中，或是生活裡，熟年友伴都能為自己帶來三種很珍貴的能力——互動力、互助力與互信力。互動力，是透過實際的接觸，讓人不感到孤單，像是子女不在身邊或是獨居的長者，可因為朋友產生動能，也減少失智的風險。互助力，則

是透過彼此的學習，相互支持與鼓勵，讓長者在為家庭付出一輩子後，重新找回自己，讓生活更有光彩。而互信力，則是找到可信賴的夥伴，得到心靈支撐的力量。

曾經有一位女性長者因為心情憂鬱，醫師建議她接觸藝術類活動。她選擇舞蹈，透過和大家一起跳舞，和舞伴練習討論，班級的凝聚力一點一滴地渲染開來，讓她逐漸展露笑容，也走出情緒的陰霾。

還有幾位年長的女學員會互相鼓勵來上課，下課後，她們一起吃飯聊天，平時也互相關照、分享好物。透過動身體與社交活動，為她們的生活增添許多繽紛的色彩。

在生命的最後章節，有知己相伴，慢慢變老，實在是一件幸福又美滿的事。

玩在一起好朋友，壓力解放好健康

示範：黃翊宸、沈永昕、許哲源

一起玩，就不孤單。

教室外，一群孩子們手搭著肩，變成一輛小火車；青春期，與三五好友旅行，同吃、同住、睡一起，是難以忘懷的回憶；步入人生下半場，能夠打通電話給朋友，出門聊聊天，則是最樸實無華的幸福。

無論是親子之間，還是兩個成人，甚至是一群人一起，都可以透過肢體的活動重新感受：我們的身體，記得怎麼「在一起」。

魔幻身體連結車

1. 請小朋友動動腦，變出一台低低造型的特色車。
2. 運用任何身體部位相互連結，你勾我勾，連結車組合成功。
3. 培養默契和移動速度，齊心協力前往目的地。
4. 車頭變車尾，車尾變車頭，交換位置新樂趣。
5. 闖關成功真開心，歡呼一下！

身體大印章

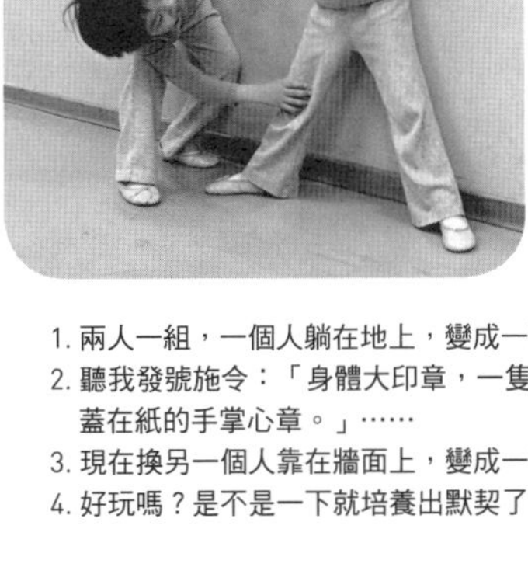

1. 兩人一組，一個人躺在地上，變成一張不能亂動的紙，另一個人當身體大印章。
2. 聽我發號施令：「身體大印章，一隻手蓋在紙的肚子章。」「身體大印章，用頭蓋在紙的手掌心章。」……
3. 現在換另一個人靠在牆面上，變成一張不能亂動的紙……
4. 好玩嗎？是不是一下就培養出默契了？

國家圖書館出版品預行編目 (CIP) 資料

身體慢學：連結情緒、關係與生活的 8 堂課，找回動靜皆宜的自由 / 楊孟瑜採訪撰稿 . -- 二版 . -- 臺北市：遠流出版事業股份有限公司 , 2025.09
面； 公分
ISBN 978-626-418-342-0(平裝)

1.CST: 親子遊戲 2.CST: 律動

428.82 114011192

身體慢學

連結情緒、關係與生活的 8 堂課，找回動靜皆宜的自由

策劃——楊照
企劃——雲門舞集舞蹈教室
採訪撰稿——楊孟瑜
圖片提供——雲門舞集舞蹈教室
圖片攝影——林弘瑋、鍾志弘、山上月亮整合創意工作室、Dingdong 叮咚、周嘉慧、張詩言

資深編輯——陳嬿守
副總編輯——鄭祥琳
美術設計——王瓊瑤
行銷企劃——舒意雯
出版一部總編輯暨總監——王明雪

發行人——王榮文
出版發行——遠流出版事業股份有限公司
地址——臺北市中山北路一段 11 號 13 樓
客服電話——02-2571-0297
傳真——02-2571-0197
郵撥——0189456-1
著作權顧問——蕭雄淋律師

2011 年 5 月 1 日 初版一刷（初版書名《親子玩身體》）
2025 年 9 月 1 日 二版一刷
定價——新臺幣 420 元
（缺頁或破損的書，請寄回更換）

ISBN —— 978-626-418-342-0

遠流博識網
http://www.ylib.com
Email: ylib@ylib.com